温泉の平和と戦争

東西温泉文化の深層

石川理夫

彩流社

温泉の平和と戦争▼目次

第五章　避難行と戦国実利の先に温泉――133

第一章　平和な「アジール」としての湯屋・温泉

敵も味方も一緒に湯屋で憩う

最初に、中世日本の戦《いくさ》のさなかの「湯屋」をめぐる話から始めよう。

ただし湯屋といっても、浴室内に温かく満ちあふれていたのは天然の温泉ではない。ふつうの水を沸かしてできた、湯気・蒸気のみであった。湯屋の中に浴槽（湯船）はなかった。つまり入浴スタイルも、当時であれば宮中や公卿の屋敷などの御湯殿や一部の大寺院の湯屋・浴堂では行われていた[1]ような、別の湯釜で沸かした湯を注ぎ入れた湯船に身体を浸ける今日的な入浴法ではなかった。それは蒸気に身体を蒸される蒸気浴と呼ぶもの[2]で、温泉が湧く土地や川や池での水浴を除けば、むしろ古くから乾式サウナ型の熱気浴とともに世界の入浴法の主流であり、日本でも江戸時代半ば頃までは街の銭湯もこうした蒸し風呂が一般的だった。

いずれにせよ、温泉かふつうの湯水か、あるいは入浴方法の違いも、「湯屋」という場の持つ意義を損なうものではなかったことをあらかじめ断っておきたい。

時は南北朝時代(一三三四~九二)。後醍醐天皇の強い親政志向を背景に鎌倉幕府が滅び、建武の中興を迎えたが、足利尊氏ら武家の叛乱を引き起こした新たな戦乱の時代である。軍記物語の代表、『太平記』がつぶさに描くところの、南朝方と北朝方による一進一退の攻防が日々繰り広げられていた。

引用するのは、南北朝時代の六十年に及ぶ内乱が終息に向かう嘉慶年間(一三八七~八八)に著された『源威集《げんいしゅう》』という本からである。書名に表されるように、源氏の足利尊氏が開いた足利政権(室町幕府)側に立って書かれたもので、筆者は常陸の守護・佐竹貞義の七男で尊氏に付き従った佐竹師義《もろよし》とも目されている。もっとも、どの著者や立場であれ、湯屋に関する記述内容が左右されることはなかっただろう。

一三五五(文和四)年に入って、京の都(洛中)では東山に陣取る足利将軍の北朝方と、弘法大師空海が創建した東寺を本陣とする南朝方の両軍勢がにらみ合い、二月八日より戦端を開いた。東寺合戦の始まりである。同十五日に都の各所で終日競《せ》り合った戦は次第に南朝方の籠もる東寺に近づき、結果として足利将軍側が都を再掌握し、以後北朝方の優勢は動かなかった。このとき合戦の渦中にいた筆者はいくつかの光景を特筆している。

まずそれは、鴨川にかかる五条橋を桟敷にして都の人々が大勢、合戦を見物していたこと。さながら劇場型の合戦である。さらに、清水坂では遊女が終夜袖をつらねて客を引いていた。琵琶法師は『平家物語』を弾き語りするし、戦場に散らばる兵具の残がいを買い集める者はいるしという、町中で連日繰り広げられる戦にもめげない民衆の日常的な姿。そして何より、「合戦がない日は、敵も味方もなく洛中の湯屋に集っては、世間話をして過ごし、何の問題も生じなかった」(現代訳)ことに注目したのだった。

ちなみにこの頃には、湯銭をとって一般の人を入れる常設の湯屋・風呂屋が都に増えていた。一方、寺院では仏教の功徳を施す一種の社会貢献事業として、湯屋・浴堂・温室《うんしつ》を寺僧以外にも開放して一般の人を入浴させる「施浴《せよく》」が行われていた。施浴では、奈良時代に聖武天皇の后・光明皇后が千人の浴者の垢をおとす願をかけたところ、大願成就前の千人目の浴者が肌もただれた病者であった、という伝説が知られ、鎌倉時代以降盛んになっていた。その寺院境内に、本来の浴堂・温室のほかに里人が主体となって運営したり、俗人が経営して湯銭をとる湯屋を併設する所が現れていた。これらが後に「銭湯」と呼ばれるようになる。

光明皇后による施浴情景(東大寺蔵『大仏縁起絵巻』より)

ところで、いくら互いにハダカ身をさらす湯屋とはいえ、毎日の戦をよそに敵味方が和気あいあいと出来るものなのか、と首をかしげる向きもあるだろう。これにはそれまでの戦のあり方も影響したのではないか。

この時代は、いっとき敵味方に分かれて戦をし合っても、武将クラスですら次には敵方の陣営にはせ参じたり、またそれをわびて元の陣営に戻ったりもできた。敵と味方という敷居は高くなかったのである。むしろ、今日では完全に死語と化した、合戦の際の仁義と名誉が重んじられた。東寺合戦でもそれを裏付けるシーンがある。

三月十二日夕、劣勢を否めない南朝方から一人進み出てきた武者が、北朝方の大将・細川相模守清氏に勝負を申し出る。優位に立つ細川相模守は無視すればよいのに、「天下の勝敗はこの一騎打ちで決めようぞ」と応じたことが、『太平記』巻第三十二に記されている。一騎打ちは結局細川相模守が勝ち、大勢は決まった。大将や指揮官自身は兵士と共に最前線に出ることなく、比較的安全な後方から指図する《戦死の位階性》を含む、近代戦の冷酷非情な合理主義とは異なる価値観に、ここでは重きがおかれていたことがうかがえる。

そのことをふまえても、描写された先の湯屋の情景はやはり説明しきれないものが残る。湯屋や共同の浴場という場では、敵味方を詮索したり争い事をしてはならないという暗黙の約束事、ある種の社会通念があったのでは、と想像されるのである。

敵の大将を湯浴みでもてなす

温泉であるなしや入浴スタイルの違いを問わず、湯浴《ゆあ》みは人の心身を癒《いや》す。湯浴みの場、湯屋空間は気持を安らかにし、そこにつかの間の平和をもたらす。このことを想起させる情景が『平家物語』巻第十「千手前《せんじゅのまえ》」に印象的に描かれている。

平清盛の子で、剛勇をもって知られた三位中将平重衡《しげひら》は一一八四(寿永三)年、一ノ谷の合戦で捕らえられ、鎌倉の源頼朝のもとに護送された。頼朝の面前で重衡は平氏の運命を省《かえり》みつつ、最後にこう語る。

「弓矢をとる武士の常、敵の手にかかって命を失うことはまったく恥ではないので、願わくはさっさと首をはねてほしい」

この言葉に一同胸を打たれる。頼朝は「平家を自分の敵と決して思っているわけではない」と告げ、臣下の狩野介《かののすけ》工藤宗茂《むねもち》にひとまず重衡の身柄を預けた。

情けある狩野介は重衡のために湯殿を用意し、入浴を勧める。「戦の果ての長い道中の汗で自分がむさ苦しかったので、身体を清めさせてから殺そうというのだろう」と重衡は思っていたが、そこへ湯殿の戸を開けて、二十歳くらいの色白く清らかで優美な女房《にょうぼう》(女官)が湯帷子《ゆかたびら》姿でしずしずと入ってくるではないか。湯帷子とは沐浴の際に身に着ける内衣のこと。しばらくして十四、五歳くらいの少女が取っ手付きのたらいに櫛を入れて持参する。女房はかいがいしく入浴の世話をし、重衡の髪を洗ってあげる。

「男ではかえってぶしつけで不快に思われるでしょうから(との心配りから頼朝に命じられて)、女性の私が参りました。ご要望がありましたら何なりと申しつけくださいませ」

女房はこう述べて、湯殿を後にした。

敵将・平重衡のために白拍子を詠う千手前（『平家物語・下編』山教書院編輯部編、1935年：国会図書館デジタルコレクションより）

浴後には宴席が用意されていた。手越の長者の娘で「千手《せんじゅ》の前」という先の女房がお酌をし、重衡の気持を引き立てようと朗詠し、琴を弾き、白拍子《しらびょうし》をうたい舞う。千手の前をはじめ列席者の気遣いに応えようと、沈んでいた重衡も琵琶をとり、朗詠を返す。こうして夜が明け、心にしみいる宴は終わった。

後日談がある。湯殿で湯浴みを手伝い、宴を共にした千手の前にはこの日のことが「物思いの種」になったのだろう。南都（奈良）の東大寺や興福寺など大寺院を焼いたとして重衡は身柄の引き渡しを求めた寺院衆徒によって奈良へ連れて行かれ、斬られたことを知った千手の前は出家して尼となった。重衡の冥福を祈りながら生涯を終えた、と『平家物語』は伝えている。

戦のさなかや敵味方の関係をよそに、三位中将平重衡は湯屋の安らぎを肌身で味わった。このときつかのまながら現出した「湯屋の平和」は、じつは時代や場所を限ったものではなかった。それを次に見ていきたい。

「平和の場」で「アジール」——中世ヨーロッパの共同浴場

西洋社会史の泰斗で一橋大学長も歴任した阿部謹也は、中世ヨーロッパの人々の生活にうるおいを与えた街の公衆浴場、共同浴場の持つ意義に早くから着目していた人である。街の共同浴場とはどんな存在だったのか。一九七八年に出版された『中世を旅する人びと』(平凡社)から引用する。

「中世都市や農村の庶民にとって、共同浴場は居酒屋と同様に共同生活の重要な中心をなしていた。(中略)共同浴場で身体の汗をぬぐい、疲れをいやしたのである。共同浴場は中世の人々にとってはたんに身体を洗う風呂であっただけでなく、冷・温水浴、薬湯、瀉血《しゃけつ》や刺胳《しかく》をおこなう健康維持のための医院、保養所でもあった。たがいに裸で身体を流しあう浴場において村民のふれあいは最も偽りないものとなり、共同浴場は居酒屋とならんで村民が深い連帯を結びあう場所でもあったのである」(同書八四頁)

こうした街の共同浴場、公衆浴場はもちろんほとんどが温泉ではなかった。沸かした湯を注ぎ入れた木桶風の湯船に入るか、その蒸気、熱気を浴場内に充満させ、蒸し風呂として利用していたのだ。

ところでヨーロッパでは、古代ローマ共和政時代から帝国時代にかけて公共の浴場が市民の娯楽・健康保養の場として日常生活に欠かせなくなっていた。ケルト人やゲルマン人と戦った遠征先でも温泉を見つければ、否もっと正確に言えば彼ら先住民、とりわけケルト人がすでに崇め、利用していた温泉地を征服した後には、駐屯兵士らの慰安と健康のために立派な温泉浴場を設けた。時代が下るにつれて公共の浴場は規模、設備共にますます充実し、豪華なものとなる。

それがキリスト教の公認、国教化とローマ帝国の分裂、西ローマ帝国崩壊以降、過酷な過去の弾圧の記憶とローマ市民によって享楽的に謳歌された入浴慣習への反発から、各地の浴場はしばし荒れるにまかされた。しかし、キリスト教世界となったヨーロッパの古代から中世を通じて人々が《まったく風呂に入らなかった》とよく言われているのは、大きな誤解である。

まず何より禁欲主義の権化、修道院自体に浴室があった。身を清める沐浴、健康目的の入浴は認められていたのだ。領主、騎士の館も浴槽を備えていた。来客を入浴でもてなす情景を描いた絵も見られる[3]。さらに町や村に公衆浴場、共同浴場が復活するのは十二世紀頃からで、これには十字軍のもたらした影響が大きい。

古代ローマの入浴慣習はイスラム社会にこそ引き継がれていた。今も日常生活に定着しているハマム(ハンマーム：浴場)文化の基である。何のことはない。キリスト教徒も十字軍遠征を通じて、すなわち皮肉にも戦争を通じて、入浴と浴場の価値を再認識し、ヨーロッパ社会に環流させたのである。

当時の公衆浴場、共同浴場には、民間浴場主が経営していた街の風呂屋のほかに、農民・村人が共同で費用と労力をかけてこしらえた村の浴場があった。まさしく地域共同体の宝といえる共同浴場である。

風呂の用意が整うと、呼び声や合図の笛が周囲に響き渡る。「お金持も貧乏人も風呂屋においで、お湯は熱いよ、香り高い石鹸で肌を洗うよ。さてその次はたっぷり汗かく部屋（蒸し風呂）へご案内……」という呼び声もあった、と阿部謹也は記している（前出八六頁）。人々は待ちきれずに浴場へ向かう。入浴は喜びだった。体をきれいにするだけでなく、魂を清める働きを持つと思われたようだ。ドイツの都市では手工業者の組合《ツンフト》が職人の健康管理のため湯銭を支給し、定期的に浴場に行けるように規約で定めていたほどである。それに日本でも行われていたように、寄進者の喜捨によって貧者を浴場に招待することも行われていた。

中世ヨーロッパの共同浴場、バーデン（スイス）の温泉浴場（中世の木版画より）

社会貢献と宗教的意味合いを併せ持つ施浴の場ともなっていた浴場を、中世ヨーロッパの人々はどう見ていたか。阿部謹也の別の著書から引用させてもらう。

「中世の浴場は公的な場であって、殺人をおかした者は罪を贖ったのちでも被害者の縁者が入浴している浴場に姿を見せてはならなかった。また、浴場内で争いをおこし相手を傷つけた者には二倍の罰金が科せられたし、浴場内で盗みをはたらいた者は死罪とされていた。浴場は平和の場とされていたからである。債務を負って債権者から追われている者も浴場内にいる限り捕らわれるこ

とはなかった。浴場は平和領域アジールでもあったからである」(『中世の星の下で』一六七頁。傍点は筆者)

傍点で示した箇所のように、中世ヨーロッパの街の公衆浴場、共同浴場もまた、「平和の場」あるいは「平和領域アジール」とみなされていたというのである。

ここに「アジール」という言葉が登場する。ドイツ語でアジール(Asyl)は「避難所、逃げ込み場、憩いの場所、平和領域、聖域」といった、関連する広い概念をはらむ。元はギリシア語で「不可侵」を意味するasylonという言葉に由来する。古代ギリシアでいえば、各ポリスの中心にあった神殿が典型的にアジールと認められていたことから、その言葉の持つ意味が想像できよう。アジールは聖なる場所、聖性とも結びついている。そしてアジールという概念は、「平和の場」とされた浴場、湯屋、さらには温泉(の湧く場)と深くかかわってくるのである。

加賀の山中温泉に出した禁制

日本に戻ろう。一三九二(元中九＝明徳三)年に南北朝が合一して室町幕府が体制を固めると、大きな戦はいったん収まった。しかし一四六七(応仁元)年に始まる応仁の乱以降、群雄割拠の戦国時代に突入。戦のない日や地域はない時代に入った。こうした時代、すでに人々が利用していた温泉地はどうなっていたのだろうか。

注目したいのは、戦国大名・武将が「温泉場では軍勢が乱暴狼藉をはたらいてはならない」という趣旨の制札《せいさつ》・禁制《きんぜい》を出していたことである(4)。

制札・禁制というのは、戦国大名らが「ここでは何々をしてはならない」という禁じ事を箇条書きに並べ立て、法令的な拘束力を持って出した文書やそれを掲げた立て札のこと。言い換えれば、制札・禁制を出したり与えた場所や地域を限定して、圧倒的な軍事力を持つ自分たちの行動をそこでは抑制する措置を講じたといえよう。例を挙げたい。

最初は、石川県の有名な加賀温泉郷の山中温泉に対して、一五八〇(天正八)年八月に柴田勝家が出した禁制である。

禁制　山中湯
一、當手軍勢甲乙人乱妨狼藉《らんぼうろうぜき》之事
一、陣取《じんとり》之事
一、放火之事
一、竹木伐採之事
右、堅く停止させよ。もし違犯の輩《やから》あれば、速やかに厳科に処すべきものなり。よってくだんの如く下知する。

承知のとおり、柴田勝家は織田信長の命により越前国（福井県）の朝倉義景を攻め滅ぼし、続いて「百姓の持たる国」（『実悟記拾遺』）として隣国加賀に《百年王国》を築いてきた一向一揆《いっこういっき》勢力を攻めていた。山中温泉は、浄土真宗本願寺教団を北陸の地に拡げた蓮如《れんにょ》上人も一四七三（文明五）年九月に入浴湯治したことが、『御文《おふみ》』に記されているように、早くから湯治場として知られ、当然にも一向一揆勢力側にあった。そこに勝家は猛攻を加え、山中温泉近くに築かれた黒谷城攻めでは一揆勢力を退出させることに成功していた。

その山中温泉に、占領軍である自らの軍勢による乱暴狼藉や占拠、放火、暮らしに必要な竹木伐採といった行為を禁じる命令書を出したのだ。人々が湯治に集う温泉場の平穏をおびやかしてはならない、というのである。

背景には、一向一揆勢力のせん滅を当初は指示していた信長が、天下取りの思惑から一向一揆勢力の後ろ盾たる石山本願寺と同年の閏三月に講和。加賀国の返付を約束し、勝家に停戦を命じていた事実がある。

また、禁制自体これが初めての例ではなく、禁制は温泉地だけに出されたわけでもなかった。早い例では一五〇二（文亀二）年八月、紀州（和歌山県）の有力寺院・根来寺《ねごろじ》等の勢力と和泉（大阪府）の守護細川氏との戦乱にまきこまれるのを避けようと、中世荘園研究の対象として知られる日根野荘に属していた和泉国入山田《いりやまだ》村の人々が根来寺の有力者に働きかけ、「入山田村内では、どの側も陣所を構えることや乱暴狼藉をしてはならない」という禁制を出してもらっていた。つまり村を中立・平和の場にして、戦禍から守る保証を禁制によって得たことになる。

この後も戦国時代には、名だたる戦国大名の武田信玄、細川晴元、織田信長、（後）北条氏らが、主に中立・平和を旨とする寺院や自治的に運営されてきた郷・村に対して、同様な趣旨の制札・禁制を出している。

しかしながらこのとき柴田勝家が出した禁制は、一般的に村にあてたのではなかった。宗教的な聖域である寺社を除き、はっきり「山中湯」と明示し、範囲を絞っていることは注目していい。

中世の山中温泉風景（医王寺蔵『山中温泉縁起絵巻』より）

山中温泉は広大な金沢平野でも南端の山際に位置する。とはいえ、都や畿内と北陸を結んで人々が頻繁に行き交う地域にある。行基開湯伝承はさておき、歴史のたいそう古い温泉地で、鎌倉時代以降は湯治場として名が高まっていた。蓮如上人も湯治に訪れたから、北陸全体の信徒、民衆から上人ゆかりの聖地として特別視されていたとしてもおかしくはない。本願寺との講和も背景に、勝家側に代表的な湯治場たる山中温泉を特に意識してその安寧を保証する気持があったのではないか。

戦乱の時代に温泉地に出された禁制を通じて、温泉地・湯治場へのまなざしがうかがえるもう一つの代表例が、箱根山中の湯治場、底倉温泉などがある底倉村に（後）北条氏と豊臣秀吉がそれぞれ出した禁制である。

箱根・底倉温泉村の安寧を禁制で保証

箱根の山はまさしく「天下の険」。関東の西、東海道側の関門となる要衝で、南西部（相模・武蔵国）の戦国大名にとっては箱根の山をおさえることが戦略的に重要であった。しかも温泉資源に恵まれている。主に早川が刻む深い渓谷沿いに自然湧出していた温泉は、奈良・天平年間（七二九〜四八）頃の箱根開山伝承と並んで、同時期の箱根湯本温泉開湯伝承が別に伝えられているように、箱根の山を開いた神仏習合的な山岳信仰の修験者、聖《ひじり》らによって早くから見いだされ、利用されてきたと考えられる。

そして鎌倉幕府ができてからは、幕府の御家人・武士らの湯治記録が見られるようになった。なかでも玄関口にあたる箱根湯本、山上近い芦之湯、早川渓谷に蛇骨《じゃこつ》川が合流する谷底に湧く「底倉《そこくら》の湯」の名前が温泉場、湯治場として挙がっている。

もともと箱根の山は箱根権現（現・箱根神社）を奉じる人々による信仰と修行の霊場で、神域として守られていた。そこへ伊豆から相模へ移って戦国大名として台頭する北条早雲（伊勢宗瑞《そうずい》）が箱根権現勢力を取り込んでいく。箱根に点在する村、温泉集落に対しても、自治構造を容認するかたちで「万雑公事」「諸公事以下」を永久に免ずる判物《はんもつ》を与えるなどして、直轄的な領国統治を強めようとした。

たとえば、箱根越えの宿場でもある箱根湯本温泉には（後）北条氏の氏寺、早雲寺を創建し、（後）北条氏の「足洗湯」と称されたほど湯治場の知名度を高め、発展に貢献した。連歌師の飯尾宗祇も訪れており、それまでの長旅で体調を崩していたせいか、入浴した当夜、一五〇二(文亀二)年七月三十日に当地で亡くなっている。
一方、底倉という村には、後の江戸時代になってブランド的な名声を博した「箱根七湯《ななゆ》」に挙げられる底倉温泉と堂ヶ島温泉の二つがあった。中世には二つの温泉を総じて「底倉の湯」と呼んでいたようだ。南北朝時代の著名な禅僧、夢窓疎石《むそうそせき》も「そこくらといふ温泉」を訪れて歌を詠んだ、と後の家集『夢想国師御詠草』に記されている。底倉の村人は農山林仕事の傍ら、湯治客に宿や食料を提供して生業としていたので、湯治場としての安寧、維持は欠かせないことだった。そこで(後)北条氏は一五四五(天文十四)年三月に「底倉百姓中」宛に次のような禁制をしたためた証状を与えている。

禁制　底倉百姓中
一、湯治之面々、薪炭等、其外地下人《じげにん》役申(し)付(ける)事
一、材木申付、仗《じょう》・もたひを地下人申付事(以下略)

百姓中宛は「惣《そう》百姓」宛と同じ。相模国の村落が中世に畿内から北陸地方をはじめ周辺地域にかけて成立した「惣村」ほどの自立的な村落自治共同体であったかどうかはわからないが、禁制をしたためた証状を与えたということは、底倉村も一定の自治的な温泉集落としてあったことの裏付け

だろう。禁制の内容は、底倉に湯治滞在する近在の地下人(土豪・地侍)らが薪や炭、材木、仗(武器)、酒や「もたい」(水・酒を入れる器)などを村人に勝手に申し付けることを禁じたものである。同じ趣旨の禁制を(後)北条氏は一五八五(天正十三)年にも出している。旧地域支配勢力の横暴を許さず、だれにでも開かれた湯治場として平穏にやっていけるように、新興の領主たるべき北条氏が保証したわけである。

秀吉の小田原攻めでも守った湯治場の平和

底倉村の湯治場としての安寧は、それを保証した北条氏を屈服させて全国統一を成しとげようとする豊臣秀吉の大軍によって、今度は脅かされる事態となった。一五九〇(天正十八)年、秀吉の小田原攻めである。

(後)北条氏の拠点、小田原城防衛のため箱根各所に築かれた出城は秀吉軍によってたちまち征圧された。箱根に点在する村落も占拠され、略奪にあい、村人は追い散らされて山中を逃げまどった。底倉村も例外でなかったことは「関白様御打入之時、底倉百姓共軍勢之衆に追いちらされ候……」と、底倉村の旧家・安藤氏保管の古文書が物語っている(5)。

しかし、この事態に底倉村の人々はただ逃げまどうだけではなかった。村の平穏、温泉場の平和を取り戻そうと自ら行動に出る。底倉村の長、百姓代表である安藤隼人らはまず箱根の徳川家康の陣に参り、その紹介を得て、秀吉から同年四月付で三カ条の禁制を手に入れたのだ。

禁制　相模国　そこくら
一、軍勢甲乙人等、濫妨(乱暴)狼藉事
一、放火事
一、対地下人百姓、一切申懸非分族事(以下略)

この三カ条目は、地下人・百姓に対して道理に合わない(非分)類(族)のことを申しつける行為を一切禁じている。ただし、この禁制を得る代償として、底倉村側は秀吉陣営に「関白様の飼料」調達を命じられ、戦乱の中で調達に苦労するなど、負担は軽くなかったことも忘れてはならない(6)。湯治場の安寧、平和はただでは得られなかったのだ。

今も底倉温泉には、蛇骨川の渓谷崖が洞窟状にえぐれた所に自然湧出する温泉がたまり、天然の岩風呂になった「太閤石《いわ》風呂」が残る。この名は小田原城包囲戦のさなか、将兵のみならず秀吉もやって来て底倉の温泉をしばし楽しんだと伝えられることに由来する。

秀吉はさらに底倉村に対して、「湯入りの宿をとって、無理に押入り、狼藉の輩あるまじき候。亭主にことわり、同心の上ならば、苦しからず候事」という掟書を与えている。この事実から、自分も入浴体験したかどうかまでは定かでないが、心身を癒す温泉場、湯治場としての存在価値を自

底倉温泉に残る「太閤石風呂」（写真は著者撮影。以下同）

ら認めた上で、前の為政者、（後）北条氏と同様にその安寧、平和的維持を約束したといえるだろう。

秀吉と温泉は、じつはとても縁が深い。底倉温泉にかぎらず、彼の温泉パトロン的なふるまいは戦国大名のなかでも際だっている。それについてはまた後に紹介する。

このように市井の湯屋・共同浴場のみならず、天与の恵みである温泉を活かした浴場、湯治場のありようこそ、平和空間にふさわしく、アジールという概念、特性とも結びつくことをここでは指摘しておきたい。

注および参考文献
（1）武田勝蔵『風呂と湯の話』（塙書房、一九六七年）、山田幸一［監修］・大場修［著］『風呂のはなし』（鹿島出版会、一九八六年）など。
（2）蒸気浴や発汗浴全般については、西川義方『温泉と健康』（南山堂書店、一九三二年）に写真や図解を含む詳しい紹介がある。
（3）ハイデルベルク大学図書館蔵『マネッセ歌謡写本』による。
（4）温泉地に出された禁制については、石川理夫「温泉地のアジール性についての考察——戦国時代の禁制と近世ヨーロッパの温泉地中立地帯宣言」（『温泉地域研究』第一七号所収、日本温泉地域学会、二〇一一年九月）で詳しく述べた。
（5）「旧底倉村藤屋勘右衛門（安藤氏）所蔵古文書」（『相州古文書』所収）より。
（6）これについては、峰岸純夫『中世　災害・戦乱の社会史』（吉川弘文館、二〇〇一年）一五八〜六一頁で詳しく考察されている。

第二章　温泉地の原風景を求めて　聖なる場の平和

ガリアの湧泉のほとりにて

大きなオーク（ブナ科コナラ属）の木が繁る深い森の中を歩き続けて、もうどれくらいになるだろう。所によっては淡い日射しが下草の生える森の地面を照らし出し、人々が行き来して踏み固められた小径が森の奥まで延びているのがわかる。それが頼りだった。母は小さな娘の手をとって先へと誘う。娘の手をしっかり握って離さない彼女の指先からは、この旅への強い意志が伝わってくる。それに足下に続く小径の感触を感じとれたから、娘は安心して導かれるままにしていた。

少女は目が見えなかった。いつから見えなかったのかはわからないが、その事実が母に旅を決意させた。まだ若く背が高い母はブロンドの長い髪を真ん中で分け、フードが付いた一枚のケープ（マント）をまとっていた。彼女たちが身につけていたケープを呼ぶ「ペルラン（ペルリーヌ）」という言葉は、後に「巡礼者」を意味するようになる。

少女もほぼ同じ服装で、髪の色はより明るい。眼の色は母と同じく青かったが、まわりの光景をとらえることはなかった。つんとした鼻筋と小さな口元の下に、母ゆずりの意志が強そうなあごの形を小さく備えていた。季節は初夏を迎えている。歩き続けてきたせいか、白い肌はピンクにうっすらと汗ばんでいる。手首や腕に共に飾り輪を付けた母も娘も、ガリア地方（現在のフランス）に住んでいた典型的なケルト人女性らしかった。

森は小さな川と出会ってようやくとぎれた。二人は川の上流へと向かい、同じように踏み固められた小径をたどり始める。川沿いの小径に移ってからは、別の女性の一行とも出会うようになった。行く先はおそらく同じだろう。母の顔に安堵の表情が浮かんだ。

川の流れはだんだん細く、流れもゆるやかになっていく。源流域に近づいたようだ。周りはまばらながらオークの木々に囲まれていたが、山間地ではなかった。この川の源はじつは海抜四七一メートルしかない、ゆるやかなガリア中央部の丘陵地帯にあった。

いよいよ源が見えてきた。川は湧水が生み出した池に変わっている。その池はいつも自然に満たされ、あふれては小さな川となって流れ出ていく。川の水源はこんこんとたえず湧き出る泉だったのだ。

泉のほとりには女たちが集う。数は少ないが、小さな男の子や年寄りも交じっている。彼らは泉の源に思い思いに祈りをささげ、湧泉を汲んでは体のあちこちにかけたり、飲んだり、池に入って身体を深々と浸けたりしている。その合間には誰からともなく語らい合って過ごすのだ。

旅の目的地にたどりついた若い母も泉源に近づくと、身につけてきた布袋の中から容器を取りだし、湧泉を汲んでは、娘の目を何度も洗ってあげる。母は繰り返し祈る。

「泉の女神セクアナ様、どうか私の娘の目が見えるようにしてください」

そして奉納物を泉に投げ入れた。それは聖なる木とみなされていたオークの木片で目の見えない娘の顔かたちを彫ったものだ。泉源地にやって来た人々は、治癒を祈願する身体の各部位をかたどった木彫りの奉納物をこのように治癒力を発揮すると考えられた湧泉の女神に捧げた。

泉のほとりは静かで穏やかな空気に包まれている。ときおり女たちの笑い声や、願いが届かなかったのか悲しみにむせぶ声が地をはうように聞こえてきたとしても、全体の雰囲気が損なわれることはなかった。それは女性たちが圧倒的だったゆえではない。何よりもここは泉の女神セクアナの居る聖所であった。女神を崇め、その恵みの源である湧泉の治癒力にあずかりたいと祈る人々の切なる願いで満たされていた。


古代ローマ時代のギリシア人地理学者ストラボンは、ケルトの女性は非常に美しく、地位も高く、体格も力も男性にひけをとらなかった、と記している。いざ戦いとなれば、たくましいその体で男性以上に剛勇ぶりを発揮し、自ら武器を振り回して敵と戦うことで知られていた。同じく一世紀のギリシア人思想家プルタルコス（プルターク）は、「ガリアの男たちは女たちに戦争と平和について相談し、女たちの仲裁に頼る」と述べている。このようなケルト系のガリア人女性が多く集う泉のほとりには、争い事の気配は少しも感じられなかった。

母娘が居所を離れてこうしてはるばる旅をした先は、全長約七八〇キロとフランス第二の長さを誇るセーヌ川の水源地であった。今日では、ワインの名産地ブルゴーニュ地方の中心都市ディジョンの北西約三〇キロ地点にあたる。セーヌ川の古名はセクァンナ川。ケルト人が水源の湧泉を司る女神と崇めたセクアナ(Sequana)に由来する。

湧泉・温泉というケルト人の聖所

紀元前の長い世紀を通じてヨーロッパ中心部を席巻していたのは、古代ギリシア人が「ケルトイ(Keltoi)」と呼んだインド・ヨーロッパ語族のケルト人である。日本列島に住み着いた人々と同じく、ケルト人も自然界のあらゆるものにカミ(神)、精霊が宿るとみなしていた。とりわけヨーロッパ全土を覆っていた深い森とその中心だったオークの木、生命に欠かせない水、大地から湧き出る湧泉・温泉に神の存在を認めた。湧泉・温泉は他界、地下に住む神々との交信の場とも考えられていたようだ。

なかでも温泉は、より神秘的な力で自然界にない温かさや、ときに際立つ色や香り、堆積物をたたえて湧き出る泉である。温泉を含む各地の湧泉＝(温)泉は、それぞれ固有の名を持つ神の居る聖なる場。その多くが女神だった。とくにケルト女性は泉の女神を崇めていた。彼女たちはそうした(温)泉をめざして巡礼旅をしたのであり、(温)泉の一帯は聖所として、平和で不可侵のアジールとして厳粛に保たれていた。セーヌ川水源となる湧泉でも女神セクアナの神殿遺跡が発見されている。そもそも地上に(温)泉が湧き出るという、人智を超えた自然現象自体が畏怖・畏敬の対象であった。加えて、(温)泉には心身のさまざまな症状・疾患の緩和や治癒につながる癒しの力がこめられている、と信じられた。経験的にそのことをつかんだ人々が(温)泉にひときわ敬虔な思いを寄せたのは、独自の湯治文化を育んできた日本列島に生きる私たちなら容易に想像できよう。

このセーヌ川水源の湧泉からは、多数のオークの木彫像が見つかっている。願いが通じたあかつきには、祈願者が自らをかたどった像を捧げたようで、奉納物に女性の全身像が多いのは、巡礼者・祈願者に女性が多かったことを投影していよう。

セーヌ泉源出土の盲目の少女像と片足の木像

また、奉納物からは(温)泉の女神がどのような恩恵を望まれ、ある場合には人々に施せたかがうかがえる。その大半は治癒力にかかわっていた。セーヌ泉源の出土品には、手足や頭部、さらには目や性器、胸部など人体の一部をかたどったものが数多くあり、解剖学的に正確に描かれた内臓のレリーフ(浮彫り)木片も含まれていた(1)。その奉納物のひとつに盲目の少女像があった。冒頭の一文はその事実から想起したものである。

ケルト時代にはじまり、紀元前一世紀のカエサルのガリア遠征以降ローマ人の支配下に入ったガロ・ローマン時代に至るまで、ガリア各地、現在のフランスの(温)泉の泉源(湯元)・湧出地から多くの奉納物や聖所の遺構、浴場跡が発見されている。[2] その中でもフランス中央部にあたるオーヴェルニュ地方にあるシャマリエールの湧泉はミネラル成分を多く含み、治癒効果が顕著だったことを大量の奉納物が物語っている。[3] 火山地帯のオーヴェルニュ地方には温泉が多い。有名なヴィシー温泉を筆頭に、シャテル・ギュイヨン、ネリ・レ・バン、ブルボン・ラルシャンボーといった温泉地からも奉納物が出土している。

その中でブルボン・ラルシャンボーは、フランス・ブルボン王朝を後に開くブルボン家発祥の地に湧く。このブルボン・ラルシャンボーやラ・ブルブールといった温泉地名は、ケルトの源泉の神ボルヴォに由来する。後に栄華をきわめたフランスの王朝の基底にはケルトの温泉神が鎮座していたことになる。ブルボン王朝の栄光にはかぎりがあったが、温泉地のほうは今日なお現役。二千年は優に経つ古湯の風格を保っている。

聖なる治癒力の源とは

湧泉・温泉には癒しの力があると信じられてきたと述べた。セーヌ川水源の湧泉の場合、平和な聖所を強く支えた治癒力とは、果たして何に依るものだったのか。もしやセーヌの源は「温泉」なのであろうか。

そのことを考えるには、二〇世紀初頭の一九一一年にドイツの温泉地バート・ナウハイムで開かれた国際学術会議で、温かい鉱泉すなわち温泉を含む「鉱泉」、あるいは「療養泉」という概念を定義づけたことにふれなければならない。いわば湧泉の女神が司る領分に科学がずけずけと立ち入るわけである。

このナウハイム決議では、「地中から湧出する水で、特別な化学成分組成や物理的特性から、何らかの医学的治癒効果が期待されるものを『鉱泉』と呼び、ふつうの水(常水)と区別する」として、「鉱泉」をふつうの水と区別する条件を挙げている。

条件の一つは温度、泉温だ。地上のどんな沸騰した湯水もやがてはその土地の平均気温と同じ温度になる。したがって、その土地の年平均気温より常に著しく高い泉温を保ちながら地上に湧き出る水は、ふつうの水とは異なる「特別な物理的特性」を持つと考えられる。平均気温が低いヨーロッパでは、湧出時の泉温が「摂氏二十度以上」の湧水を鉱泉、さらには療養泉とみなした。

もう一つの条件は「特別な化学成分組成」だ。特別な化学成分組成といっても、多くはよく知られた成分である。たとえば、カルシウムイオンやナトリウムイオンといった溶存物質が一キログラム中に一〇〇〇ミリグラム以上含まれているか、あるいは鉄分や(総)硫黄などの特殊成分、炭酸ガス、硫化水素、放射能泉に含まれるラドンといったガス成分が一定の値(限界値)以上含まれているかが条件となる。こちらはそれぞれ決められた一定値以上含まれていれば、泉温は問わない。

ちなみにナウハイム決議は、戦後の一九四八(昭和二十三)年にできた日本の温泉法で法律上「温泉」を定義する「温度」と「物質」の二つの条件の基となった。同時に、鉱泉分析法指針という監督省庁（現在は環境省）による行政マニュアルでは泉質名が付けられる「療養泉」を規定する基となって、今日に至っている。

その日本の温度条件でいうと、決め手となる日本列島の平均気温はヨーロッパより高い。かつナウハイム決議がもたらされた戦前には台湾も植民地として国土に含まれ、平均気温値がさらに高くなったこともあってか、温泉法も鉱泉分析法指針の療養泉規定のどちらも「摂氏二十五度以上」が条件となっている。

一方、物質の条件が満たされていれば泉温は問わないのは、日本の温泉法も鉱泉分析法指針も同じ。たとえば大分県久住山麓の寒の地獄温泉は泉温一四度。夏場限定であまりの冷たさをがまんして数分入浴してはストーブで暖をとる湯治法を繰り返す冷泉だが、湯底の石の間から自然湧出する源泉を神秘的に青白く色づかせる硫黄分が規定値以上にたっぷり含まれており、これも「温泉」である。鉱泉分析法指針の療養泉規定も十分満たし、単純硫黄泉（硫化水素型）という泉質名が付く。

ふりかえると、ケルト人をはじめ古代人が温かく湧き出る温泉を天の恵みと崇めたように、温度条件はあくまで本来の自然湧出を前提としていた。しかし今日では自然湧出泉などは希少で、大半は掘削（ボーリング）で誕生する。しかも近年の新規開発温泉では、地下千メートル以上も掘ってから動力（ポンプアップ）で地上に汲み上げる大深度掘削温泉が過半数である。地下百メートル毎に地温は二〜三度上昇するから、地下千メートルも掘って地上に汲み上げれば二十度以上は上昇して、温泉法が定める温度条件を簡単にクリアし、またひとつ温泉誕生という次第。今日では温度条件はきわめて緩く、問題の多い条件と化した。

したがって、掘削して地上にポンプアップした地下水の泉温が二十五度以上あるだけで、ほかに特別な化学成分がほとんど含まれずに「温泉」を名乗れるものよりは、温かくなくても物質条件を満たしているほうが何らかの治癒効果も期待される立派な鉱泉、「温泉」なのである。

前置きが長くなったが、セーヌの源に戻ろう。結論を言えば、セーヌ水源の湧泉は、温かく湧き出ているわけではなく、特別な化学成分がもたらす色や香り、析出物といった際立つ特徴もない。つまりナウハイム決議が挙げているような鉱泉、温泉ではなかった。

念のため少し古いフランスの資料を見ても、一八八〇年刊『Les Bains d'Europe（ヨーロッパの温泉）』や、一九〇〇年にパリで開催された第一三回国際医学会議にもとづき出版されたフランスの療養泉を紹介する書[4]には載っていない。フランスのピレネー地方にある洞窟から湧出する「奇蹟の泉」として有名なルルドの泉も「鉱泉・温泉」に含まれていないが、セーヌ泉源もルルドの泉も鉱泉の規定に含まれるミネラル成分等の効果とは違う、おそらく泉水のはらむ何かデリケートな働きや湧泉地という聖なる場の力を、受け手の敬虔な信仰心が後押しして不思議な治癒力を発揮したと考えるほかない。

ルルドの泉の場合、世界各地から年間五百万人の巡礼者が訪れ、その中に疾病を抱えた人が年間約八万人含まれる。まさしく現代のセーヌ水源の泉である。以前、筆者が訪れたとき、介護人が付き添い、車椅子で訪れる人を大勢見た。彼らにまじってルルドの泉水を体験したが、明らかに温泉とは違う。何のにおいも色も味もないふつうの地下水のようであった。

洞窟から湧き出る泉水は泉温は十二度と常に一定で、これまでの科学的検査では何ら特別な化学成分や物理的特性を見いだし得ていない。それでも一九九八年末までにルルドの医療局には約六八〇〇件の「治癒体験」が届け出られた。それを厳格に精査したところ、医学的に考えて「どうにも説明がつかない」六六件の「治癒例」が、これまで教会から「奇蹟」と認められている。それにしても宗教的な奇蹟の認定がこれほど厳密だったとは。

一方、「奇蹟」と認められなかった「治癒例」が数多いことも興味深い。一般に多くの身体症状、疾患がストレスを過重に受けやすい日常生活環境に起因することはよく知られている。これに対して温泉医学や気候療法の分野では、転地効果を重視している。日常生活の場を離れて、気候条件を含む優れた自然環境や情緒に恵まれ、すべての人を受け容れてくれてゆったり過ごせる温泉保養地や気候療養地にしばらく滞在することで、多くの症状が緩和されるのだ。

さらに医薬品でいうプラシーボ（偽薬）効果も無視できない。特別な化学成分や物理的特性がなくても、その治癒力を信じたり、全般に敬虔な気持で希望を持って前向きに受けとめることから促される良効果といおうか。ストレス起因の症状はよく知られているが、その逆の場合でも心と身体の結びつきには相当深いものがあるように思える。

湧泉のほとばしる生命力と浄化作用に加えて、そうしたもろもろの要因が心身に良い結果をもたらす。二千年以上前にセーヌ水源の湧泉を詣でた少女の目にも、何らかの光明の兆しがあったとしたらうれしいのだが。

イギリスの温泉聖地バース

ケルト人を駆逐してヨーロッパ中央部を征服した古代ローマ人の(温)泉に対する態度はダブルスタンダードであった。ケルト人が(温)泉神へ奉納した財物と、(温)泉がもたらす治癒力や愉楽のどちらも手に入れたかったからだ。

バース温泉の古代ローマ浴場遺跡

前者でいうと、ローマ人は征服地ガリアの湧泉・温泉の泉源から数トンの黄金を掬い上げて奪ったという[5]。ケルト人が祈願の対価として神へ払った奉納物を横取りする冒瀆を冒したのである。一方で、征服したケルト人の篤い(温)泉信仰は素直に引き継いだ。そのありようがイギリス南西部、エイボン川が刻む渓谷の温泉地バースでよくわかる。

バースのオフィシャル・ガイドブック[6]によると、温泉は数千年前から利用されていた考古学上の痕跡があるという。三つある泉源(湯元)のうち、最大のキングズ・バースで四十六度というイギリス随一の高温泉が毎分約八百リットル。今も変わらず自然湧出している。この有名なバース(Bath)温泉から風呂や入浴を意味する英語の「bath」が派生した、とよく言われるが、それは正しくない。「bath」はインド・ヨーロッパ語起源で「温かくする」という意味の「バー(ba)」という言葉に由来すると考えられる。英語のみならず、温泉や入浴、浴場を意味するドイツ語の「バート(bad)」、フランス語の「バン(bain)」、イタリア語の「バーニ(ョ)(bagni,bagno)」も同様である。

ケルト人はこの温泉を土着の(温)泉の女神スル(Sul)の賜、聖所として崇めた。ケルト人は泉源地を囲む湯気上る湿地に砂利を敷いた小径をつくって、泉源地にたどり着けるようにしていたことが、考古学的発掘調査からわかっている。そうして温泉が地表の割れ目から噴出している泉源を守護する女神に奉納物を捧げ、願い事をしていたのである[7]。

紀元一世紀にブリテン島に侵攻、スコットランドを除く島の大半を征服したローマ人は、バースの温泉を「アクアエ・スリス(Aquae Sulis: スル神の泉水)」と名づけて、ケルト伝来の温泉聖地を継承し、自分たちの女神ミネルヴァを相乗りさせて、スリス・ミネルヴァ神殿と壮大な温泉浴場を建設した。

ブリテン島を北東から南西方向へ縦断する軍用道路がバースを通っており、バースはローマの軍団が駐屯する軍事的要衝と温泉聖地の両方の役割を担うこととなった。ローマ人が築いた軍事・温泉都市バース(アクアエ・スリス)の街並みが現在の市中心部のわずか数メートル地下に眠っていることが、一八世紀以降わかった。こうして神殿の一部や温泉浴場がよみがえったのである。

堂々たる彫像が見下ろす古代ローマ温泉浴場最大のグレート・バスは、今も主泉源から流入する源泉を満々とたたえている。湯煙上る緑黄色がかった適温の湯を眺めていると、温泉好きなら飛び込みたくなる。残念ながらここは飲泉のみで入浴できないが、二〇世紀になって海水浴人気に取って代わられて温泉ブームが去っていたイギリスでも、温泉・健康志向、自然志向の高まりを受けて二〇〇六年、近くに露天風呂付き温泉入浴施設が新しくできている。

神殿は石段を上った所にコリント式の四本の主柱が並んでいた。華美なローマ風装飾の切妻（破風）壁中央には、ケルト化された男性のゴルゴン（メデゥーサ）の、怒髪もひげも天を衝く恐ろしい顔が聖域を守る護符のように目をむいていた。神殿に女神スルと共に奉られるミネルヴァは、ローマ神話では智恵に長けた技術・工芸の女神。同時にヒーリング（治癒）力を備えているとされた。ローマ人もまさしくケルト人と同じく、温泉の聖なる治癒力を認めたのである。

治癒力が支えた（温）泉の聖性

アクアエ・スリスの泉源の底からは、祈願や満願成就の際に投げ入れられた一万二千枚ものコイン、金貨をはじめ、青銅のブローチ、治癒を求めて全身浴する姿をレリーフした宝石などさまざまな奉納物が見つかった。興味深いのは、神の裁きを求めて訴状を刻んだローマ時代の多数の合金板片が含まれていることだろう。

たとえば、「私の外套が盗まれました。スリス・ミネルヴァ神さま、だれであろうと盗人の力を

バースの温泉神への訴状金属片（『The Roman Baths and Museum Official Guidebook』より）

奪い、死にいたらしめてください」と記し、確証はなくても疑わしいと思う人間の名前を訴状に添えて、温泉神の聖なる泉源に投げ入れたのだ。訴えた事実を知れば、盗人は神の裁きにおびえ続けることになっただろう。心理的抑止効果は大きい。ケルトとローマの複合温泉女神スリス・ミネルヴァはかくも力があった。

思えば、古代ギリシアでは（温）泉の守護者としてよく崇拝されたのはヘラクレスである。一方、ローマ神話でユピテルの娘、女神ミネルヴァはギリシア神話の女神アテナと同一視されるようになるが、もともとはローマ人が滅ぼしたイタリア半島の先住民族エトルリア人の黎明（夜明け）の神だ。物事が明るく見えてくる黎明は智恵と結びつく。そして地下に広がる冥界と地上を橋渡す。地上に姿を表す（温）泉を司るにふさわしく、また、湧泉を他界、地下に住む神々との交信の場と考えていたケルト人の（温）泉の神の観念、神との交信による神判に合致したと思われる。

イギリスの温泉地バースに象徴されるように、治癒力を発揮する湧泉、温泉という聖なる癒しの場は、（温）泉神との交信や神判の場ともなった。人間のもめごとまで温泉神が裁く厳粛な空間は、当然にも平和不可侵のアジール性を帯びていた。征服者が被征服者の神を引き継いでくれたのだから、当然といえば当然か。

ケルト社会から古代ローマ帝国に引き継がれた（温）泉という治癒力の聖地は、ローマ帝国を内部から侵食したキリスト教世界になっても底流に脈打ち、生命を保ち続けた。キリスト教は、自らが排斥した異教徒がかつて信仰した岩山や森、木、湧泉などの聖所をたくみに取り込んで布教に活かした。なかでもかつての湧泉の聖所の上にキリスト教の新しい聖地たる聖堂・教会を建てている例が少なくない。

代表的なのは、パリの南西郊外、フランス有数のゴシック建築で知られる世界遺産のシャルトル大聖堂である。シャルトルの地名は集落を築いていたケルト人のカルヌーティ族に由来し、湧泉の聖所だった。その泉は今もシャルトル大聖堂の地下に「サン・フォールの古井戸」として保たれている。

また、キリスト教の守護者を任じて西ローマ帝国の正統性を継承したフランク王国のシャルルマーニュ（カール大帝）と甥で戦死したロラン伯をたたえて、中世に成立した叙事詩『ロランの歌』（有永弘人訳、岩波文庫）には次のような一節がある。

「君らがために神の造りたまいしそのいで湯にて、彼、キリスト教徒にならんと欲す。シャルル答えて、彼、未だ救わるるを得ん」

そのいで湯とは、ベルギー国境に近いドイツのアーヘン温泉、フランス語でエクス・ラ・シャペル温泉のことで、シャルルマーニュのために神が湧出させたものという。このようにキリスト教世界でも(温)泉の聖性を認めていたのである。

日本の(温)泉の治癒力と聖性

ケルト社会に始まり、キリスト教世界に至るヨーロッパの湧泉や温泉地の原風景を見てきたが、日本の(温)泉の場合はどうなのか。

まず、湧泉の「治癒力」への驚嘆、畏敬の念は古代より見受けられる。『日本書紀』巻第三十、持統天皇の治世(六九〇~九七)の記述はその一つだ。

近江国益須《やす》郡(現・滋賀県野洲郡)の都賀山に「醴泉《れいせん》」が湧き出ているのが見つかった。醴泉とは一晩でできる甘酒のようにあまい味の湧泉のこと。病を抱えた人が近くの寺に泊まり込んで醴泉を飲んでいると、病が癒えた。そこで醴泉を発見した者や寺、国司らに朝廷はほうびを与えたという。甘酒のような個性的な味わいのある湧泉というからには、重曹成分や腐植質(フミン質)といった有機物など特別な化学的成分が含まれていて、今日でいえば温泉の規定に該当するもの、たとえば旧泉質名でいうと重曹泉系ではなかったかと想像する。

『日本書紀』に続く国史として、平安時代初期の七九七(延暦十六)年に編纂された『続日本紀《しょくにほんぎ》』では、湧泉の飲泉効果だけでなく、入浴の効用まで挙げている。

奈良時代の元正天皇の治世(七一五〜二四)、美濃国当耆《たぎ》(現・岐阜県養老郡)多度山の「美泉」の評判を聞き、天皇直々に現地におもむき、美泉を体験する。手を浸すと、皮膚がなめらかになり、痛むところを浸けてみると、痛みがとれたではないか。美泉を飲んだり浴びたりした者は、白髪が黒くなり、髪が生えてきたり、「そのほかの病、ことごとく平癒せり」という。元号を霊亀《れいき》から養老へと改元(七一七年)したほど、美泉の効き目、治癒力に感銘したのだった。

『古事記』ができた翌年の七一三(和銅六)年に朝廷が諸国に風土記編纂を命じたことにより、七三三(天平五)年に書き上げられた『出雲国風土記《いずものくにふどき》』は、現在の玉造《たまつくり》温泉と(出雲)湯村温泉を紹介する中で、重ねて温泉の効果を強調している。

「一たび濯《すす》げば、則ち形容端正に、再び沐《もく》すれば、則ち万の病ことごとく除かれる。古より今に至るまで験《しるし》を得ずといふことなし。ゆえに土地の者たちは『神の湯』と称えている」(現代訳)

両温泉ともほぼ同じような表現であり、当時すでに入浴や温泉の効果については、この一文のようにキャッチコピー風に定式化されていた。それはさておき、温泉利用の効果が著しいので土地の人々が「神の湯」と崇めている点に注目したい。

ヨーロッパの古代やキリスト教社会のように日本の古代人にも「神の湯」という認識があったからには、温泉の神に言及しなければならない。

日本で代表的な「温泉神」といえば、オオナムチノミコト(大穴牟遅神・大穴持命・大己貴命)とスクナビコナノミコト（少名毘古那命・宿奈毗古那命・少彦名命）の二神の名がよく挙げられる。どちらも神話世界の著名な神であり、オオナムチノミコトは国作りの神、そして国譲りの神として大国主命（オオクニヌシノミコト）と同一視される。

しかしながら温泉がこれほど豊かで人々に利用されてきた国土であるのに、後述する飛鳥時代の天皇の初温泉行幸や温泉については記述済みの『日本書紀』や、神々の物語を叙述した後に温泉の存在の本邦初出となる「伊余湯《いよのゆ》」（道後温泉）を記した『古事記』にも、二神は温泉の神としては登場しない。さらには、二神は出雲神話出自にもかかわらず、出雲国の温泉を初めて紹介した先の『出雲国風土記』にも温泉の神としては登場しない。

ほかの古風土記で、同じく温泉を取り上げている『肥前国風土記』や『豊後国風土記』も同様である。『播磨国風土記』に至っては、「湯川、昔、湯、川に出《い》でき。故《か》れ、湯川と曰《い》う」と、かつて温泉が湧いていた土地の名前の由来を紹介した神前郡（現・兵庫県神崎郡）において、湯川の記述の前にオオナムチノミコトとスクナビコナノミコトが登場するが、なんと自分の糞尿をまきちらしたことからその土地の名がついたという糞尿譚の主役としてのみ登場している。こうしたことは何を意味するのだろうか。

温泉神社と祭神

温泉の神を奉る社《やしろ》、すなわち「温泉神社」を含む神社が初めて一覧となって公に記録されるのは、平安時代の九二七(延長五)年に撰上された『延喜式《えんぎ》』巻九(神名上)と巻十(神名下)にわたる神名《じんみょう》帳においてである。この延喜式内社には、温泉《ゆ》神社、湯神社、湯泉《ゆの》神社と記された名称で明らかなものから、山形県湯田川温泉の由豆佐賣《ゆづさひめ》神社や三重県榊原温泉の射山《いやま》神社といった、一見して温泉神社とはわからない社名まで、少なくとも全国十社に及ぶ温泉神社の所在が確認できる。[8]

その中には島根県玉造《たまつくり》温泉の玉作湯神社のように、奈良時代初期の『出雲国風土記』に「玉作湯社」の名称ですでに記されていた温泉神社もある。このように温泉の神を奉る社は、延喜式神名帳に記載された以外にもそれ以前にも当然存在していた。

たとえば歴史の古い山形県蔵王温泉に鎮座する「酢川温泉神社」については、延喜式より前の九〇一(延喜元)年に完成した国史『日本三代実録』に「八七三(貞観十五)年六月二十六日、正六位上の出羽国酢川温泉神に従五位下を授ける」という記述がある。温泉神も叙位の対象であり、位が上がったのだ。そうであるのに、酢川温泉神を奉る社は延喜式神名帳には漏れている。なお、蔵王温泉の神がなぜ「酢川温泉神」かというと、蔵王温泉は今日でも自然湧出している強酸性泉であり、味わえば強烈な酸(酢)味がある。それでかつては酢川温泉と呼ばれており、同様に強酸性泉の温泉地は岩手県須川《すかわ》温泉や青森県酸ヶ湯《すかゆ》温泉のように名称に「酸・酢」が付く場合が多い。

また、『出雲国風土記』に「漆仁の川辺に薬湯あり」と記された(出雲)湯村温泉に奉られている「漆仁社《しつにのやしろ》」は、延喜式神名帳に記載されていないがそれ以前から存在した「温泉神社」例のひとつで、同じく『出雲国風土記』に社名が記されている。湯村温泉は古くは漆仁の湯と称された。漆仁

玉造温泉の玉作湯神社

社が温泉の神を奉る社であったことは、江戸時代前期に編さんされた出雲国の地誌『雲陽誌』にも「三沢郷の湯布禰(=湯船)大明神なり」と記されていることからうかがえる。漆仁社は明治四十年にほかの神社とともに温泉神社として合殿され、今日に至っている。

延喜式神名帳には例外を除き、各社の祭神名までは記載されていない。したがって後に祭神名が明らかになっていくわけだが、そのときには新たに加えられた祭神も含まれている可能性が高い。

考えてみれば、温泉神社・湯泉神社・湯神社と名称に幅はあっても、そもそも温泉神社とは、すべて「湯(温泉・温湯=ゆ)の神」を奉る社《やしろ》のこと。本来の「祭神」はこの広い意味での「湯の神」であろう。このように広い意味で湯の神と称えられていた神《カミ》が、神話世界から天下るなどさまざまないわれを持つほかの神に次第に取って代わられたり、新たに加わったりして、それらの神が各地の温泉神社の祭神として定着していったのではないだろうか[9]。

泉源(湯元)近くに社祠を建てて、湯の神を奉ることは、人智を超えた温泉湧出現象と温泉がもたらす治癒力の双方にいわゆる神仏の霊験を感じとり、神格化する過程であった。これには律令制国家が確立して社会体制が整備され、各地の温泉が広く人々に認知、利用されるようになった過程も反映していよう。

こうして延喜式神名帳記載後に生来の、かつ広い意味での「湯の神」に取って代わった、あるいは新たに加わった神々を含めて後に明らかになっていく祭神名を、延喜式神名帳記載の温泉神社一覧にそれぞれ当てはめて表に示した。その中で祭神として最も多く名を連ねるのは、たしかに先の二神である。

しかしながら「湯の神」以外の祭神が登場する経過からみても、二神はこれを置いてほかにないいわば唯一絶対的な温泉神コンビとして「温泉神社」に奉られていたわけではない。さらに前述したように、神話時代に確立し定着していた生来の温泉神としてあったとも言い難い。

二神は唯一絶対的ではない後発の温泉神

この点で比較すると、ケルト人が崇めた(温)泉の女神は個々の泉源地毎に崇められた、きわめて土着的で固有な性格とともに、基本的にその温泉・湧泉地においては唯一絶対的な存在であり、湧出する泉源を司る生来の(温)泉神であった。

一方、日本の温泉神社について見ると、たとえば有馬温泉の湯泉神社の祭神には熊野久須美命(クマノクスビ〔ヒ・ミ〕ノミコト)を含む三神が並ぶ。

熊野久須美命も記紀神話の神(「天照大神と須佐之男命の誓約」から生まれた神の一柱)。熊野三山・那智大社の祭神となっているように、熊野信仰にかかわる神である。熊野本宮近くに詣でる前

(表1)『延喜式』神名帳に記載された「温泉神社」一覧とその祭神

温泉神社名	所在温泉地	祭　　神
由豆佐賣(ゆづさひめ)神社	湯田川(山形県)	溝咋姫命、大己貴命、少彦名命
温泉(ゆ)神社	鳴子(宮城県)	大己貴命、少彦名命
温泉石(ゆいし)神社	川渡(宮城県)	大己貴命、少彦名命
温泉(ゆ)神社	いわき湯本(福島県)	少彦名命、大己貴命
温泉神社	那須湯本(栃木県)	大己貴命、少彦名命、誉田別命
射山(いやま)神社	榊原温泉(三重県)	大己貴命、少彦名命
湯泉(ゆの)神社	有馬(兵庫県)	大己貴命、少彦名命、熊野久須美命
御湯(みゆ)神社	岩井(鳥取県)	御井神、大己貴命、八上姫命、猿田彦命
玉作(たまつくり)湯神社	玉造(島根県)	櫛明玉神、大己貴命、少彦名命
湯神社	道後(愛媛県)	大己貴命、少彦名命

に心身を清める「湯垢離場《ゆごりば》」の湯の峰温泉がある熊野は「ゆ(う)の」とも読むことから、後に温泉信仰世界で大きな位置と影響力を持つようになる。泉源近くに熊野(神)社を奉る温泉地は、箱根など各地に見られる。有馬温泉の場合は、二神が先に奉られ、「吉野の仁西上人が有馬温泉を再興した」という伝承以後に熊野信仰の神が加わったようである。

鳥取県岩井温泉の御湯《みゆ》神社の祭神にも大己貴命、八上姫命、御井《みい》神、猿田彦命の四神が並立している。この場合は、後の江戸時代に合祀された猿田彦命を除いても、主神は大己貴命ではなく、御湯神社という本来の社名からして、泉源(井)を守護する御井神のほうであろう。

玉造温泉の玉作湯神社は、社名どおり主神は玉作りの神とされる櫛明玉神(クシアカルタマノカミ)で、二神は後から追加されたような脇役である。絶対的どころか、大己貴命の本家本元である出雲国を代表する温泉においてすら温泉神としては影が薄いのだ。

三重県榊原温泉の射山神社は、かつて西麓から温泉が湧き出ていた湯山（現・貝石山。射山は湯山が転じた）そのものがご神体で、生来の祭神には山岳信仰と温泉信仰が重なり合う。神社も元は湯山の山腹に鎮座していたが、城主榊原一族の没落に伴い、一五八八（天正十六）年に麓の遙拝地へ遷った。同時期に地震で断層の変化が生じたのか、泉源も移って、温泉が神社裏手の湯ノ瀬川の川中や河畔から湧くようになった。江戸時代の木版画「榊原湯山図」には、泉源地の「湯所」に射山神社が描かれ、「温泉大明神」と記す。ここでは大己貴命をはじめ二神がご神体の湯山の主、湯の神と同一視されるようになって、やがて祭神となったようである[10]。

江戸時代の木版画「榊原湯山図」

ところで日本の温泉神の中で、特定の温泉神、それもケルト社会のように泉源の女神を奉っていた興味深い例が、山形県湯田川温泉に古くから奉られてきた由豆佐賣《ゆづさひめ》神社である。

由豆佐賣の「由」は、「温泉・温湯・湯」を「ゆ」と読むことを示す当て字である。平安時代中期の辞書『和名類従抄《わみょうるいじゅうしょう》』に、「温泉　一に湯泉とも云《い》い、和名由《ゆ》」と記されている。したがって由豆佐賣とは、湯出づる場所の女神の名。泉源の湯出沢に由来し、泉源地を司る女性の温泉神だ。この女神の名が本来の社の名に刻まれたが、その後は記紀神話の女神・溝咋姫命《みぞくいひめのみこと》を主神に、二神を陪神として奉るようになったと考えられる。

このように二神は、温泉神社にあっても泉源地の神や神話由来のほかの神と共に奉られている例が少なくない。このあたりは八百万のカミが居る日本古来のカミ信仰のあり方も影響しているのだろう。

二神が温泉にかかわる話でよく知られるのは、『伊予国風土記』逸文である。つまり、奈良時代初期に編纂された古風土記の原本ではない。鎌倉時代末期に『日本書紀』の注釈書として卜部《うらべ》兼方が著した『釈日本紀』と、僧仙覚が後嵯峨天皇（治世一二四二〜四六）に献じた『万葉集抄』に収められていたものである。したがって収録者による取捨選択や意見、風土記以降に広まった話が反映されていることもあり得るが、「伊予国風土記に曰く……」というかたちで四つの話を断片的に収録した中、「湯郡《ゆのこおり》」の一文に温泉と二神の話が出てくる。

湯郡は律令制下の伊予国の郡名の一つ。平安時代、朱雀天皇の治世（九三〇〜四六）に源順が編纂した『和名類聚抄』では「温泉郡」と記載され、「湯」と読むという訓注が付く。湯（温泉）郡の名は古くから温泉が湧いていたのにちなむ。それが現在の道後温泉である。

この一文には、道後温泉の源は豊予水道対岸の「大分速見湯《はやみのゆ》」（別府の温泉）であると考えられていたことや、歴代天皇・皇后や聖徳太子等の道後温泉への行幸が計五回あったといった、風土記にはなじまない題材まで取り上げている。その点はさておき、この逸文に登場したことが、「温泉神」の主役に二神が祭り上げられるのを後押ししたと言える。

二神が登場する文章（漢文：返り点付）を示そう。

「湯郡。大穴持命、見二悔恥一而、宿奈毗古那命、欲レ活而、大分速見湯、自二下樋一持度来、以二宿奈毗古奈命一而、漬浴者、暫間有活起居。然詠曰『真暫寝哉』。践健跡処、今在二湯中石上一也」（傍点筆者）

読み方は次のとおりである。(11)

「湯郡。大穴持命が悔い恥しめられて（＝後悔するほどはずかしめられ失神して）いたので、宿奈毗那命は（大穴持命を）活かそうとして、大分速見の湯を下樋により持って来て、宿奈毗古那命が（大穴持命を）漬浴（ゆあみ）させたら、暫《しばし》の間が有ってよみがえ（活起）った。然《しか》して詠んで曰うには、『暫くの間寝たことよ』。雄叫びして踏（践）みつけた跡は、今も湯の中の石の上に在る」（傍点筆者）

このとおり、後悔するほど恥ずかしめられ失神していた（なぜそうなったかは前文もなく明らかではない：筆者注）のは大穴持命（大己貴命）であり、その大穴持命を温泉で湯浴みさせてよみがえらせたのは宿奈毗那命（少彦名命）である。このストーリーと同じように、『古事記』など記紀神話の中で繰り返し殺されてはほかの者に助けられてよみがえるのは大穴持命であり、宿奈毗古那命が蘇生したという話はない。

流布された誤読の二神イメージ

ところがこの一文は、傍点で示した主語（大穴持命と宿奈毗古那命の二神）がどこまで次の動作の主語としてかかっているかを読み誤ると、大穴持命と宿奈毗古那命を主客転倒させる致命的な誤読になってしまう。きっかけとなるのが、大穴持命に続く「見」という漢字だ。「見」は「見る」という動詞としてのよくある用語法だけでなく、「被」と同じ「らる・せらる」と受身の意でも用いられる。後者の用語法を失念して、大穴持命と宿奈毗古那命の立場を反対にした典型的な誤読が、今日なおご当地の道後温泉をはじめ広範に、次のような理解で流布されている。[12]

「湯郡。大穴持命（は）、宿奈毗古那命が悔い恥じている（失神状態にある）のを見て、活かそうと思い、（中略）宿奈毗古那命を漬浴《ゆあみ》させたら、宿奈毗古那命がよみがえり、「ああ、よく寝たことよ」と言って踏みたたいた跡が今も湯の中の石の上にある」（傍点筆者）

考えても見よう。先ほど述べたように、打ちのめされては繰り返し蘇生する神である大穴持命の特性に加えて、雄叫びして石を踏みつけたら跡が残るほどであるのは、文字どおり大きくて打たれ強く、英雄神と目される大穴持命ならではのエピソードではないか。『日本書紀』が記すように大穴持命が掌中でもてあそぶほど小さな神である宿奈毗古那命が、たとえ石を踏みつけたとしてもこうはならない。温泉神にデュエットで登場した二神の、神話世界でのそれぞれのキャラをねじまげてまでも、二神の立場を逆にした言説が根強く流布されているのである。

二神は『日本書紀』巻一（神代）に「病を療《おさ》める方《さま》を定める」と記されることから、あまねく生きものを病から救う医療の神と目された。そこから治癒力にかかわる温泉の神も委ねられることになっていくのだろう。[13]そのとき、二神と温泉のかかわりを物語った『伊予国風土記』逸文というものに従うとしたら、より温泉神にふさわしいのは、これもそう見られがちだった大穴持命（大己貴命）ではなくて、従と見られがちだった宿奈毗古那命（少彦名命）のほうであることは記憶しておきたい。

いずれにせよ、このようなかたちで日本の温泉神が二神に代表、収斂されていくとしたら、その有り様は温泉が恵みとしてもたらす治癒力に寄与する神としての性格がより強い。ケルトの温泉・湧泉の女神をほうふつさせ、日本ではユニークな事例と思われる由豆佐賣のように、湧泉・温泉そのものを司る神とは言い難いのだ。

温泉に恵まれた日本では、ふつうの湧泉以上に卓越した温泉の治癒力を実際に体験した人々の感謝、崇敬の念がそれだけ強かった表れといえようか。そこに日本の温泉の聖性を支える大きなアイデンティティーがあった。


本節の終わりに、二神が温泉と結びつくきっかけとなった道後温泉についてふれたい。

『古事記』に温泉として唯一記載された「伊余湯《いよのゆ》」として、道後温泉は日本の文献史上名誉ある初出の温泉地だが、そのデビューは温泉の治癒力を発揮する本来の姿としてではなく、流刑地としてであった。

『古事記』はこう物語る。允恭《いんぎょう》天皇が亡くなった後、皇位継承者の木梨之軽太子《きなしのかるのひつぎのみこ》は、皇子同様に美貌で知られた（『日本書紀』による）同母妹・軽大郎女《かるのおおいらつめ》との兄妹相愛の事実が明るみになり、人心が離反する。朝廷の臣はこぞって軽太子に背き、穴穂御子《あなほのみこ》（同母弟で次の安康天皇）の側についてしまった。軽太子はある大臣の屋敷にこもって兵器を用意し、抵抗しようとする。しかし屋敷を包囲されると、大臣は降伏を申し出、軽太子は捕らえられて、穴穂御子のもとに引き立てられた。皇位継承争いに敗れ、流された先が「伊余湯」であった(14)。

いざ流刑されようというとき、軽太子は愛する人へ歌を詠む。軽大郎女もまた、歌を返す。軽大郎女はそれでもなお恋い焦がれて待ちきれない。

「君が往き　け(日)長くなりぬ　山たづの　迎へを行かむ　待つには待たじ」

こう歌を詠み、軽大郎女は後を追って「伊余湯」へ向かう。後の飛鳥時代には温泉を楽しみながら天皇・皇后が滞在する仮宮殿の「伊予温湯宮《いよのゆのみや》」も築かれた「伊余湯」だが、行宮《あんぐう》としての湯宮もありそうになかった流刑地で二人はどう過ごせたのか。『古事記』が語る物語の結末は、「すなわち共に自ら死にたまひき」である。

皇位継承争いが戦をまきおこし、その結末に流刑地として登場する道後温泉。温泉場にふさわしく、禁断の恋ながら愛し合う二人のつかのまでも平和な安らぎの場になったなら、と思いをはせるのみだが。

神仏共に支える温泉(地)の聖(地)性

二神に焦点を当てて見てきた日本の温泉神のこうした成り立ちは、仏教においても言える。すなわち、「人々の病を癒し、苦悩から救う」仏とされる薬師瑠璃光如来が、温泉地でとくに崇敬されるようになっていくのと同じである。

歴史を重ねた温泉地では、泉源（湯元）とその傍らに設けた共同の入浴利用の場である共同浴場＝共同湯を見守る高台などに、温泉神社またはそれと並んで薬師如来を本尊とする温泉寺や薬師堂（祠）が置かれるようになった。古くから幅広く信仰された薬師如来の温泉信仰への特化の表れと言ってよい。

したがって、日本の温泉（地）の聖（地）性をわかりやすく景観的にビジュアルに理解するには、温泉神社・温泉寺・薬師堂―泉源―伝統的共同湯という、基本的には三つの要素（場・建造物）の配置構造を確かめるとよい。今も多くの歴史ある温泉地ではこの配置構造が保たれている。これを私は温泉地の基本型と名づけている。

景観的にみて、この配置構造、基本型は温泉霊場において顕著である。温泉霊場とはきわめて宗教性を帯びた温泉地のことで、温泉聖地そのもの。典型的な例として、前述した和歌山県湯の峰温泉、恐山信仰と下北地方の地蔵講の湯垢離場でもある青森県恐山《おそれざん》温泉、かつて箱根権現の神域にあって石仏群に囲まれ、自然湧出する泉源湯壺を姥子堂と薬師（瑠璃光）堂が見守る神奈川県姥子温泉元湯（現・姥子秀明館）が挙げられる。

恐山は死者の魂が集まる山として、「日本三大霊場」の一つとされる山岳霊場である。ピラミッド型の外輪火山・大尽山《おおつくしやま》を映す宇曽利山湖は温泉が流入する三途の川によって幻想的なコバルト色

湯の峰温泉の東光寺と共同浴場

をたたえ、湖岸から始まる境内地には至る所に噴気孔があって地獄景観を呈している。その境内地の温泉が湧く場所に湯小屋が五カ所点在しているのだ。まさしく地獄と温泉極楽の共存風景だろう。

次に、箱根大涌谷の下に広がる深い森に横たわる姥子温泉元湯は、江戸時代以前から「姥子の湯」と呼ばれていた。例年、春雨の時期が来ると、姥子の岩崖と岩盤壁からpH二・三と弱酸性で明礬（アルミニウム硫酸塩）成分を含む単純温泉が自然湧出し始め、ピーク時には毎分三千リットル近い五十度以上の高温の源泉が泉源湯壺からとうとうとあふれ出て、自然の湯滝を成す。

ここでは岩崖下の天然岩盤湯壺近くまで参道と石段が築かれ、石仏が並ぶ石段の上に「うばこ仏」を奉る姥子堂に薬師堂、箱根権現の石祠がある。山林修行者が集まった「大地獄山」大涌谷から姥子にかけて、かつては熱泉がほとばしっていた賽の河原があり、磨崖に梵字と「延文二丁酉（一三五七年）九（月）下旬」と年号等が刻まれている。同じ頃、姥子の湯には姥子山長安寺という寺が建てられたという由緒書も残され、中世からの修行場で温泉霊場だったことがうかがえる。(15)

三番目に湯の峰温泉をあらためて紹介すると、ユネスコ世界遺産登録「紀伊山地の霊場と参詣

湯の峰温泉の伝統的湯壷「つぼ湯」

道」に含まれる熊野本宮大社をめざす熊野参詣道の道筋にあたり、日本初の《世界遺産の温泉地》となった。泉質は旧泉質名で食塩硫化水素泉(含硫黄―ナトリウム―塩化物泉)。成分がとても濃密で七色の湯とたたえられるほど個性的で変化に富み、今もふつふつと九二度の熱泉が渓流脇から自然湧出している。湯の峰温泉の場合、熊野詣での湯垢離場という立場以上に、人は温泉そのものに魅了され、神仏習合の熊野権現の霊験とみなされた治癒力にすがったと思われる。

平安時代後期に熊野に詣でた著名な朝廷貴族の日記から、そのことが推し量れる。五十二年間にわたる日記『中右記《ちゅうゆうき》』の筆者・右大臣藤原宗忠は、川床岩盤の割れ目から熱泉が湧き上る泉源湯壺「つぼ湯」に入浴した感激をこうつづっている。

「まことに珍しいことで、これは神の験《しるし》にほかならない。この湯に浴すれば万病を消除するといわれる」(現代訳)

神(仏)の験はほかにもあった。湯の峰の温泉寺にあたる東光寺の秘仏本尊で、温泉名の言われともなった湯胸《ゆのむね》薬師像である。これは温泉に含まれる成分が析出、堆積して自然に造形されたご神(仏)体なのだ。

平安貴族が「神の験」と崇めたつぼ湯は、中世には小栗判官《おぐりはんがん》と照天《てるて》(手とも)姫を主人公とする説経節『をぐり』で、地獄におとされた小栗判官が巡行する時宗の聖《ひじり》や照天姫らの助けにより湯の峰温泉に送られて湯治し、再生をとげる場となった。

世界には古来、歳老いた人が浴すれば若さを取り戻すという湧泉、「若返りの泉」への憧れ、伝説があった。それが湯の峰温泉では、地獄におとされて餓鬼の姿になった人までがめでたくよみがえる。「再生の湯」となった温泉地が聖地でなくて何であろうか。

「湯の神」をまつる江戸時代の温泉地

すでに古代から輪郭が浮かび上がっていた日本の温泉(地)の聖(地)性は、長く後世まで保たれた。江戸時代、北東北を中心に各地を巡り歩いた民俗地誌・本草学者の菅江真澄(一七五四~一八二九)は、「湯の神」を奉っていた湯治場、温泉地の姿をつぶさに観察している。旅日記、地誌、図絵集をはじめとする彼の著作から見よう(16)。

真澄の地誌『雪の出羽路　雄勝郡(一、二)』によると、温泉資源が豊富な秋田県南東部の小安《おやす》温泉(現・小安峡温泉)には「湯の神の小さな社」があり、「湯泉大明神　内陣薬師」を奉っていた。その奥の大湯温泉には、「浴舎あり、温泉神ませり」と記すとおり、浴舎近くに温泉神《ゆのかみ》を奉っていた。泥湯温泉には、「温《ゆ》湯の神、薬師如来をひめまつる社」があった。また、泥湯に近く、下北半島の恐山と並ぶ地獄景観の温泉霊場・川原毛《かわらげ》温泉についてはこう記す。

「病人はみな、けらみのという簑を着て、編笠のようなもので頭を覆って、この滝に身をうたせている(中略)……ここでも薬師如来を湯の神として祀った社がある」(現代訳)

自然の湯滝を打たせ湯としている川原毛温泉の「湯泉神社」は、薬師如来と少彦名命を共に奉っていた。東北山脈の山深くまで、はるばる湯治にやって来る「病人」たちは薬師如来や少彦名命といった、神仏を問わずして霊験あらたかな温泉の治癒力にすがったのである。

そして真澄が最も長く、数か月間逗留した大滝温泉(現・大館市)では、「すすきの出湯」という伝説の泉源地に建てられた「薬師仏の堂」に詣でた。現在は薬師神社を名乗り、境内の飲泉場「御神湯」や手水場にも熱い源泉がたえず注がれている。まさに神仏習合的な温泉信仰のありようを象徴する神社名である。

大滝温泉の「ここの湯の神をまつる日」の正月八日には、祝いの行事に参加した。

「おおぜい群をなし、ことし醸した酒を湯泉の神に奉ったのをさげてきて、みなもすっかり酔い、押付舞やら、たかうな舞(筍舞)などをして戯れあっていた」(現代訳)

菅江真澄はすっかり温泉地に溶け込んでいた。温泉(地)の聖(地)性に支えられ、治癒力にすがり、感謝する思いを共有する人々が集う「湯の神をまつる日」。特別な日ながら、平和で聖なる場のアジール的なのびやかさが感じられよう(17)。

菅江真澄は佐竹藩主に認められ、本腰をいれて地誌作成にとりかかっていた秋田で、四十六年間に及ぶ旅の人生を終えた。その間の蝦夷地(北海道道南部)を含む温泉地に関する真澄の記述から、薬師如来や大日如来が単独で奉られている所もあれば、薬師如来と二神またはそのどちらかとのジョイント、あるいは薬師如来と「温湯の神」や「湯泉大明神」との組み合わせといったさまざまな

大滝温泉の古泉源地「すすきの出湯」に建つ薬師神社

かたちで、温泉地の湯元近い社堂に神仏を奉っていたことが見えてくる。

そのことからすると、二神を含めて祭神は固定されておらず、唯一かつ絶対的な温泉神(仏)を崇めるというものではやはりなかった。温泉地に暮らし、また集う人々にとっては、どのような神仏に祭神を仮託しようとも、本質的にはまさしく本来的で、広い意味を持つ「湯の神」が温泉信仰の対象となっていたのだろう。

菅江真澄と同じ江戸時代、温泉と向き合う心構えを次のように説く温泉医学者がいた。備前藩の河合章堯で、一七一六(正徳六)年に著した『有馬湯山道記拾遺』から引用する。

「唯温泉を君のごとく神のごとく敬ひつつしみ、是に仕へては温泉の心に叶ひて病を除くの術を思ふべし、湯入の間心体を不潔にして温泉の心に背くべからず」

温泉を神のごとく敬う、温泉への慈しみの念を現代人は失って久しい。しかし近現代の医薬学の恩恵に頼りすぎてきた現代人の心と体もきしみ始めている。医学的な対処療法や投薬からこぼれ落ちるアトピー症をはじめとする疾患やストレスを抱えこんだとき、自らの健やかさや生体バランスを取り戻そうと、より自然で副作用の少ない温泉の活用や湯治に向き合う人が増えているのは、興味深い事実である。

長い間、「湯の神」に象徴される温泉信仰を支え、温泉(地)の聖性の基となったのは、二十世紀初頭のナウハイム決議が定義したように、「何らかの医学的治癒効果が期待される」からでもあった。このように現代人も現代医学の代替え手段として温泉に「治癒力」を期待するのであれば、同時に温泉に対する敬虔な心をも取り戻して然るべきではないだろうか。

注および参考文献

(1)Barry Cunliffe,"The Celtic World"(蔵持不三也監訳『図説ケルト文化誌』、原書房、一九九八年)より。
(2)フィリップ・ランジュニュー=ヴィヤール『フランスの温泉リゾート』(成沢広幸訳、白水社・文庫クセジュ、二〇〇六年)より。
(3)前出(1)、井上泰男『ふだん着のヨーロッパ史　生活・民俗・社会』(平凡社、一九八七年)など。
(4)"Stations Hydro-Minerales—Climatériques et Maritimes de la France",1900.
(5)柳宗玄・遠藤紀勝『幻のケルト人』(社会思想社、一九九四年)による。
(6)"The Roman Baths and Museum",published by Bath Archaeological Trust.
(7)"Hot Bath—the story of the spa",published by Nutbourne Publishing,Bath,2003.
(8)延喜式神名帳にはほかに、元は温泉神社であったと比定される秋田県鹽湯彦神社や、元の祭神は「いかつほの神」一神で伊香保の山岳信仰の社に始まり、後に伊香保温泉に遷されて大己貴命と少彦名命を奉る温泉神社となる群馬県伊香保神社のような式内社が存在する。
(9)本節以下、二神の考察については、石川理夫「日本の温泉神の成立構造と特質」(『温泉地域研究』第二五号所収、日本温泉地域学会、二〇一五年)にまとめている。
(10)山川時次郎『榊原温泉来由記』(温泉会所刊、一八九四年)による。
(11)『新編日本古典文学全集5　風土記』(小学館、一九九七年)参照。
(12)こうした誤訳例の一つ、『岩波　日本古典文学大系　風土記』(初版は一九五八年)では、「大穴持命、見て悔い恥じて、宿奈毗古那命を活かさまく欲して……」と訳す。そう訳しながら、「見て悔い恥じて」とした校注で「少彦名命の仮死状態にあるのを見て後悔し恥じての意か」と、自ら意味が通らないことにためらいを見せる。

しかし、市販の事典にもたとえば『字源』(角川書店)は、「見」の受身の意の用語例として「信而見疑(まことにありて疑われる)」(『史記』屈原伝)を挙げている。風土記校注の学者が「見」を単純に「見て」と動詞形の用語法のみで片付けるのは信じがたいことである。

また、誤訳と誤った理解にもとづくご当地の早い例としては、一八八二(明治十五)年刊『豫州道後温泉由来記』がある。該当箇所は、「少彦名命にわかに気絶させたまひしかば、大己貴命大ひに驚愕せ給ひ(中略)大己貴命甚だ歓び給ひて勢ひ猛く湯中の石上に起立給ひしとぞ……」となっている。文脈から蘇生して起き上がった者が石を踏みつけたはずなのに、小さな神の少彦名命が石の上に足跡を残せるかさすがに疑問に感じたらしく、そこの文脈をさらに歪め、主語を少彦名命から大己貴命に再々逆転させてしまっている。

(13)古風土記の逸文とは認められない後世の《風土記》の断片とされる一つに「伊豆国風土記逸文」と伝えられるものがある。「准后親房の記に伊豆の國の風土記を引きて曰く」という前振りの「温泉」という断片に、「大己貴(命)と少彦名(命)と、我が秋津洲《しま》に民の夭折《し》ぬることを惘み、始めて禁薬《くすり》と湯泉《ゆあみ》の術《すべ》を制《さだ》めたまひき……」という一節がある。逸文の真偽は別として、これを引用したとされるのは南北朝時代で、その頃には二神が医療だけでなく湯泉・温泉も司る神という認識が世に広まっていたとも言える。
なお、この断片を逸文として収めた『鎌倉実記』も、その基となる「准后(北畠)親房の記」も、資料的価値はきわめて疑わしいとされる。歴史学者・平泉澄は著作『寒林史筆』における考察で、「伊豆国風土記逸文と伝えられるものは偽作であろう」と断言している。

(14)『日本書紀』では、「軽大娘皇女(軽大郎女)を伊予国に流す」としている。その後穴穂御子(安康天皇)との争いに敗れた軽太子も、一書では「伊予国に流す」となっている。

(15)これについては、石川理夫「箱根の温泉霊場『姥子の湯』にみる温泉(地)の聖性と共同性」(『温泉地域研究』第二一号所収、日本温泉地域学会、二〇一三年)で論じている。

(16)主な著作、日誌等は内田武志・宮本常一編『菅江真澄全集』(未来社、一九七一年〜)、『菅江真澄遊覧記』(平凡社東洋文庫)に収められている。

(17)菅江真澄と温泉地の関わりについては、石川理夫「菅江真澄が見つめた北東北の温泉文化・信仰」(『温泉地域研究』第一八号所収、日本温泉地域学会、二〇一二年)で論じている。

第三章　平和な中立地帯としての温泉地

新大陸アメリカ先住民の温泉聖地

南北アメリカ大陸は、日本列島と同じく環太平洋造山帯が走っていて、火山活動が活発な太平洋側を中心に温泉資源に恵まれている。アメリカ合衆国では、間欠泉や地熱地帯、流れ出るままの温泉が随所に見られるイエローストーン国立公園のあるロッキー山脈から、カスケード山脈にかけた中西部が最も豊かだ。加えてアパラチア山脈麓のヴァージニア州やウェスト・ヴァージニア州、ニューヨーク州など東部にも温泉地は点在している。

アメリカでも一九七〇年代以降の自然・健康志向の高まりを受けて、スパ（温浴施設）やナチュラルな温泉に対する関心が高まった。全米の温泉地・温泉施設約四二〇カ所を紹介した本[1]や、なかでも温泉が集中しているカリフォルニア州をはじめアメリカ中西部十州の温泉地・施設を紹介した本[2]などが出版され、版を重ねているのは、こうした志向、一定の温泉ブームを背景に熱心な読者・利用者層がいるからであろう。そこでは中西部のワイルドな泉源地帯を中心に、日本人もしりごみするほど開放的な混浴露天風呂入浴風景も繰り広げられている。

幸いにと言おうか、アメリカ合衆国では豊富な温泉資源がなお手つかずのまま。概算ながら温泉地数や源泉総数などの指標からみて、日本を筆頭に世界の《温泉大国》といえば、アメリカに加えて同じく潜在的な温泉資源を抱えた中国の三か国が挙げられる(3)。その中国では伸長著しい消費レジャー市場をあてこんで温泉開発が進み、かつての日本を参考にした大深度掘削による大型温泉施設が大都市周辺に続々誕生している。このままいくと、経済同様に温泉大国ランキングでも逆転状況が起きるかもしれない。

生臭い話はさておき、新大陸アメリカの先住民であるネイティブ・アメリカン諸族も温泉がもたらすヒーリングパワー、治癒力に早くから気づき、こよなく大切に扱ってきた。

彼らの利用法は多様であった。入浴に加えて飲用や、温泉蒸気吸入による温泉療法、あるいは気分を和らげるリラクセーションのため、また、部族の宗教的儀式の場としても用いた。温泉に浸かり、身を清めることが、部族の優れた狩人、戦士となるための通過儀礼とされたのである。温泉の恵みを享受してきた彼らは、温泉の湧く土地をだれも侵してはならない聖地とみなした。例を挙げよう。

米南部アーカンソー州のホット・スプリングズ山麓の小さな川が流れる谷間に湧き、温泉資源保護のために一九二一年に全米唯一の温泉国立公園に指定されたホット・スプリングズ。その名も「温泉」町である。ウィリアム(ビル)・クリントン米大統領(在任一九九三〜二〇〇一)が幼い頃移り住み、ハイスクールまで過ごしたゆかりの地としても知られる。その温泉高校でビル・クリントンはサックスを吹いていた。町のダウンタウン中心部に湯煙上る湯滝(カスケード)が見られる。主な泉質は放射能泉(天然ラドン泉)で、放射能泉といえばラドンガスが溶けているため冷泉が多いが、平均泉温六十二度と希有な高温泉が約五〇カ所の湯元より湧き出ている。湧出量は毎分約二千リットル。家庭の浴槽十個分を一分間で満杯にする湯量である。

アメリカ合衆国で温泉入浴文化が盛んであったのは一八〇〇年代半ばから一九〇〇年代前半と短い期間だったが、その間にホット・スプリングズでも、二〇世紀アメリカの浴場建築を代表する豪華な大型温泉施設が最盛期には中央通りに十軒並び、浴場街(Bathhouse Row)と呼ばれていた。今も営業しているのは一軒で、残る七軒を含めて国の歴史的建造物地区に指定され、見学できる。身体の不自由な人をベッドごとリフトアップして入浴させる機械浴の設備を二〇世紀初頭には早々と備えていたなど、施設内部の充実ぶりには目を見張らされる。

ホットスプリングズの飲泉場で源泉を汲む人たち

同国立公園資料によれば約四千四百年前には湧出していたとされるこの温泉を、ネイティブ・アメリカン諸族がいつ頃から見つけて利用してきたのかはわからないが、温泉を衣食住と同じくらい生活に不可欠なものと考えていたようである。(4) 彼らはホット・スプリングズを「グレート・スピリッツ(偉大な聖霊)の居ます所」とみなし、聖なる地として崇めてきた。(5) ホット・スプリングズの源泉は療養泉としてとりわけふさわしい薬理効果を有する放射能泉である。したがって「若返りの泉」と信じられたほど、体の痛みや傷への鎮静効果と回復力に優れていた。先住民はヒーリングパワー絶大に感じていたことだろう。

アメリカ中西部ユタ州のパー・テンペ温泉も先住民によって「治療の聖地」とみなされていた。ロッキー山中の深い谷間に温泉リゾートとして発展したコロラド州グレンウッド・スプリングズでも、当地に住んでいたネイティブ・アメリカンのウテ族が「ヤンパ(Yampah)」(big medicine＝大いなる薬湯)とみなし、神の憩う聖なる場と崇めていたことが知られている。彼らが利用した洞窟内での蒸気浴は現在も継承されている。

ニューヨーク州にもハドソン川を北上した所に由緒ある温泉地がある。アメリカの「温泉の女王」と称えられるサラトガ・スプリングズだ。ニューヨーク州知事時代にサラトガ温泉振興に寄与したフランクリン・ルーズベルト大統領(在任一九三三〜四五)が、小児麻痺にかかって不自由だった両足の機能回復リハビリに励んだ温泉地としても知られる。

泉源は間欠泉を含めて数多く、炭酸泉の冷泉から別泉質の高温泉まで泉温も泉質も多様である。一帯に居住していたモホーク族などイロクォイ諸族は、サラトガ温泉を彼らの「偉大な神マニトウ

(Manitou)が水を温めて、健康に寄与する恵みとしてもたらしてくれた」と信じ、したがって聖地とみなしていた。[6]

聖なる温泉地を平和な中立地帯に

新大陸アメリカの先住民ネイティブ・アメリカン諸族が、温泉の湧く土地を聖なる場所とみなし、特別な思いで扱ったとき、温泉地は世界的にも共通すると考えられる属性、すなわちアジール性を帯びることとなる。ただ、そうなっていくには葛藤の前史があった。

たとえばホット・スプリングズは、主にチュニカ族が占有して集落を築いていたテリトリー内にあったが、周辺のいくつかの部族もみな、同温泉の持つ治癒力を求めてホット・スプリングズを訪れた。[7]その姿はまさしく巡礼の旅と言えるもので、温泉というもうひとつの聖地巡礼であった。しかしながら部族の中に、戦士の傷も癒すヒーリングパワーが発揮される場を独占したいと考える者が現れてもおかしくはない。こうして温泉地をめぐって部族間で争いが生じたというのである。

戦がしばしば繰り広げられた後、そのおろかさ、徒労さに気づいたのか、ホット・スプリングズの温泉利用の場では一切の争い事、戦闘行為が禁じられることになった。「グレート・スピリッツ」が居る聖域では決して部族間で戦ってはならない、という合意がはかられていくのだ。

温泉地は平和な中立地と認められた。すなわち温泉の治癒力、喜び、安らぎという恩恵にあずかろうとやって来るすべての者、敵対する部族の者でも無条件に受け容れる。よそでは戦い合っている部族の者同士でも、戦いで負傷した体を治すために仲間に誘われて訪れた温泉地では、互いに争うことを自粛したのである。どんな部族の者も、そこでは安心して傷や疾病を癒すことができた。新大陸アメリカの温泉聖地は平和なアジール、癒しの避難所ともなった。

温泉が湧く場所では、生けるものすべてが安心、安全を保証されなければならなかった。そうしないと、温泉を司る偉大な聖霊は温泉をただの冷水にしてヒーリングパワーを取り上げてしまうのではないか、と彼らは畏れたのである。

温泉地が中立地として相互確認されていく背景には、人間の長い歴史の中で多くの地域で共通して合意されることが多かったもうひとつの観念がある。それは所有概念である。

ネイティブ・アメリカン諸族にとっても、温泉は部族、人間がつくり出したものではなく、大地、温泉を司る「グレート・スピリッツ」はじめ聖霊や創造主からの贈り物であった。そうした贈り物はみなが自由にあずかれるものであり、だれか特定の者や部族が独占、所有するものではない、と考えられたのである。これは言うまでもなく、近世・近代にとりわけ声高に主張されるようになる個人的所有概念と真っ向から対立していくものであった。

平和なアジール、温泉聖地で戦傷を癒やす
（ホットスプリングズの古い絵はがきコレクションより）

新大陸アメリカにおける先住民が築き上げた平和で中立的な温泉聖地も、やがて新しく自分の土地・財産を見いだし確保しようと求めて、大挙してヨーロッパから渡ってきた植民者によって無残にもばらばらに切り崩されていく。そのことについては後でふれよう。

近世ヨーロッパ、戦争のはざまの温泉地

争いと戦の連続だった人類史の中でも、宗教改革に端を発して新旧キリスト教対立の問題が加わった近世のヨーロッパはとりわけ戦争が絶えなかった。発端となったのは、邦内諸侯割拠の神聖ローマ帝国内を戦場にした一七世紀前半の三十年戦争(一六一八〜四八)である。

神聖ローマ帝国では、一五世紀にはヨーロッパ最長最大の王家を誇るハプスブルク家が皇位を世襲化するようになっていた。ハプスブルク家はボヘミア王国(現チェコ)の王冠も継ぎ、新教を抑圧した。そしてボヘミアの新教徒貴族の反抗を容赦なく弾圧したため、新教徒国デンマーク、スウェーデンなどの介入を招いて、三十年戦争が始まった。旧教護持の皇帝側にはハプスブルク家つながりでスペインが与し、新教徒側にはデンマーク、スウェーデン、イギリス、オランダ、そして旧教徒国ながらブルボン朝のフランスが与した。

三十年戦争では、民衆は日々異なる国の軍勢に蹂躙《じゅうりん》され、逃げ場を失い、悲惨この上なかった。この戦争で神聖ローマ帝国の人口は三分の一に激減、小邦分立してもはや国家の体をなさなくなった。戦時の有様は、ドイツ・バロック最大の小説とされるグリンメルスハウゼン(一六二一?〜

七六）著『冒険家ジンプリチシムス』（邦訳『阿呆物語』三巻、岩波文庫）につぶさに描かれている。

主人公のジンプリチシムスとは人間一般を意味する。物語は兵隊にとられた著者の体験にもとづいている。「正義・正統」を主張するどちらの側からも、村々はしぼりとられ、兵士として徴発され、傭兵と外国軍の暴虐にさいなまれた。あまりの仕打ちに、時には抵抗して兵士たちをこらしめ、うっぷんを晴らしたのもつかの間、戻ってきた軍勢に倍返しで報復されるのが村人たち、民衆であった。

しかし凄惨な戦争の中でも救いはあった。そのひとつが「中立の町」の存在。もうひとつが湯治場、温泉地の存在であった。同書が物語る情景を伝えよう。

前者の「中立の町」としては、シュトラースブルク（現・フランスのストラスブール）とケルンが認められており、主人公の戦時中の行動とともに描写されている。たとえばこうだ（引用は以下『阿呆物語』より）。

「中立の町であるシュトラースブルクでチャンスをとらえてライン河を下り、商人たちに紛れ込んでケルンにはいりこみ、そこから妻のもとへ帰ろう……」（中巻・第四巻第八章、一六六頁）

「船でライン河を下り、ケルンの町へ行った。当時この町は敵味方の軍隊のどちらの縄張りにも属していない中立の町であった……」（下巻・第五巻第五章、三二一頁）

市民・商工業者の力が強かった自治都市ケルンやストラスブールは「中立の町」とされ、戦時にも平和が保たれていた。主人公ジンプリチシムスも一時軍隊を逃げ出し、中立の町でひと息つく。

後者の湯治場・温泉地はどうだったのか。物語は年時を追って展開されるというよりは相前後し、戦争同様に錯綜しているのだが、三十年戦争末期近く、「激戦」(一六四五年三月、ボヘミアで皇帝軍がスウェーデン軍に大敗した戦いか)で兵卒仲間の友人ヘルツブルーデルが負傷。主人公ジンプリチシムスが仲間を医者に診せる。医者は戦争の最中では最善と思われる処方を提案する。

「とにかく炭酸泉の湯治を試みるようにとすすめられ、シュワルツ森のほとりのグリースバッハへ行ってみるようにと言われた」(下巻・第五巻第四章、二九頁)

シュワルツ森とはドイツ南部、黒い森と呼ばれるシュヴァルツヴァルト地方のこと。後に国際的な温泉保養地として有名になるバーデン・バーデンをはじめ温泉地が点在し、泉質としては炭酸泉の名湯が多い。グリースバッハも炭酸泉の湯治場の一つである。

湯治場に「二カ月ほど逗留しなくてはなるまい」という医者の見立てで、主人公らは戦場を離脱して温泉地へ向かう。これまで温泉とは無縁に、戦場と村の生活を行き来してきた彼らは湯治場と温泉の意義を見いだすことになる。こんなことすら新鮮な印象だった。「湯治場の生活は日増しに私の生活にすばらしい利目を現した……私は湯治客の陽気な明るい連中に接近し、それまであまり注意を向けなかった慇懃な話しぶりや挨拶を見習うようになった」(下巻・第五巻第七章、四〇頁)

湯治場・温泉地は日常生活から解き放たれた、非日常の解放空間だ。訪れた人はふだんのしがらみや利害関係とは無縁で、出会う人と率直、対等に向き合える。湯治場は時間にゆとりがあるから、愚痴や悩み事も聞いてもらえて、会話を楽しめる。温泉地はヨーロッパでは何より良き社交場であった。主人公らも、戦場とは別世界の湯治場で、「湯治客の陽気な明るい連中に接近」し、心身をよみがえらせていく。

また、温泉といってもいろいろあることに気づく。「ある泉は微温だし、ある泉は熱湯だし、ある泉は水のように冷たい」（同巻、七六頁）し、「ある泉は喜ばしい炭酸泉となって健康を与えてくれ」（同前）る。生きるも死ぬも戦況次第だった状況を脱し、自分の健康を考えられる場で過ごせている……。湯治場まで案内してくれた地元の農民たちはこう考えていた。

「あの立派な鉱泉を世に出して領主様の金回りをよくして上げることも、たくさんの病人を達者にし幸福にしてやることも」（同巻第十八章、九八頁）できるのだ、と。彼らは鉱泉（温泉）と湯治場の存在意義をわかっていた。だから、「温泉がだれにも知られねえでいるように」と心中は願っていた。

存在意義、利用価値があるからこそ、領主も敵対する側も鉱泉（温泉）と湯治場を損なうような真似はしない。そもそも辺鄙な場所に多い鉱泉（温泉）、湯治場は、戦場とは別のルールが働き、なお避難所的性格を保てたことが物語からもうかがえる。

この避難所（アジール）的性格を支えていたのは、温泉・湯治場が果たしていた健康へ寄与する機能、役割であった。近世に入ろうとするこの時代、鉱泉・温泉入浴の効用を推奨する書物や刊行物が出回り始めていた。たとえば、一六世紀前半にシュトラースブルクで医師ロレンツ・フリエスが著した『自然入浴論』や、植物学・博物学者のオットー・ブルンフェルスが著した『新湯治案内』

が挙げられる。[8] 物語の主人公が、負傷した仲間とともにまさしく避難した先が湯治場だったことは当然の理なのである。

著者グリンメルスハウゼンは退役後、近くに湯治場があった村の村長に任命されたという。彼が体験した三十年戦争の続編、さらにその巻き返し編と言える一八世紀のオーストリア継承戦争（一七四〇～四八）、七年戦争（一七五六～六三）と続く、戦争まみれの時代に温泉地がさらにどのような存在感を示したのかを次に見ていきたい。

戦争の主役ハプスブルク家と温泉の縁

三十年戦争は一六四八年、ヨーロッパ初の国際会議と言われるウェストファリア条約締結により終わった。日本では江戸時代初期の慶安元年にあたり、旧教徒のポルトガル人の来航を禁じ、この条約でスペインからの独立を果たした新教徒のオランダ人を出島に移し、鎖国を完成させた時期である。

戦争は一応終結したものの、火種はいくつも残された。なかでも植民地の新大陸アメリカをまきこんでのイギリスとフランスの対立、そして神聖ローマ帝国の枠を超えて伸張するハプスブルク家のオーストリアと、台頭著しい新興国プロイセン（プロシア）との対立構造が大きな戦争要因となっていく。

こうして一八世紀に入ってオーストリア継承戦争と七年戦争が勃発した。先の要因でいうと、ハ

カルロヴィ・ヴァリ(チェコ)のブジードロ噴泉

プスブルク家オーストリアにイギリス、プロイセンにフランスが加担するかたちで進行する。この主役のハプスブルク家は二〇世紀、第一次世界大戦終結によって歴史の表舞台から退くまで、温泉とは深い縁を築いた王家であったことは特筆すべきだろう[9]。

ハプスブルク家は一一世紀頃には、ライン川沿いのアルザス地方からスイスのバーゼル周辺に所領を持つ小領主に過ぎなかった。それが一三世紀の神聖ローマ帝国皇帝の大空位時代(一二五六～七三)を経て、ハプスブルク家のルドルフ一世が皇帝に選ばれたのを契機に、オーストリアなど神聖ローマ帝国の東方域への足がかりを得た。

東方域の領土はオーストリアに加えて、ボヘミア、シュレジエン(シレジア:ほとんどは現ポーランド南西部シロンスク地方)、ハンガリーと、ヨーロッパでも有数の温泉エリアであった。ハンガリーを支配していたオスマントルコ帝国を退け、ハプスブルク家のオーストリアが東方域での覇権を確立したのである。

ボヘミアとシュレジエンの両地方は、七年戦争時には温泉地をめぐって世界史的に重要な舞台となる地域である。ボヘミアには最も代表的な温泉地としてドイツ語名でカールスバート(現チェコのカルロヴィ・ヴァリ)があり、国際的な温泉保養地として人気がある。一方、日本ではなじみが薄いシュレジエンは現在のチェコ、ドイツと国境を接するポーランドの山間地帯(スデーティ山脈)がほとんどを占め、最も温泉資源、温泉地が集中する地方である。

ハンガリーが温泉国であることは、もはやおなじみだろう。「ドナウの赤いバラ」とも称えられる美しい街ブダペストはヨーロッパ最大の湯煙上る温泉首都で、ケルト人や古代ローマ人が定住した時代から温泉熱源の上に築かれた都市だった。ハンガリーやブダペストの住民にとって、屈辱ではあったオスマントルコ帝国支配が残した《文化遺産》とも言えるひとつがハマーム(浴場)、温泉入浴文化である。ヨーロッパ東西の温泉文化の交流地点であり、温泉浴場で朝風呂を楽しんでから出勤する市民の姿を見かける希有な街だ。オーストリア・ハプスブルク家は領域内にこれらの多彩な温泉地を抱え込んでいくのである。

そもそも首都ウィーン郊外にもバーデン・バイ・ウィーンとオペラーの二つの温泉地がある。観光客が訪れるオペラ座前から路面電車でワイン畑を抜けて行けるバーデン・バイ・ウィーンは、俗にいう《硫黄の香り》ならぬ本当は硫化水素の湯の香が街にほのかに漂うように硫黄泉が湧き出ており、王家(後の皇帝一家)自ら温泉に癒された。一九世紀になって構えた夏の館カイザーハウスで一家団らんを楽しみ、ベートーベン、シューベルト、ヨハン・シュトラウスといった著名音楽家を招いて演奏会を催して、日々絶えない緊張をしばし忘れることができたのだ。バーデン・バイ・ウィーンにはベートーベンが『第九』作曲まで住んでいたベートーベンハウスや作曲の想を練りながら散策した森の小径が残されている。

バーデン・バイ・ウィーンのように高温泉の温泉地ではないが、オーストリア国内には同じくハプスブルク家皇帝フランツ一世一家がよく訪れた温泉保養地バート・イシェルが西南部、「塩の都」ザルツブルク近くにある。同地域は岩塩地帯で、泉質は強食塩泉。泉温は高くなくても、よく温まる保温効果や殺菌効果が特徴だ。この事実が世にいわれる《子宝の湯》の評判を高め、そのことも温泉好きな王家の関心を高めたと想像される。

なぜ温泉、《子宝の湯》に関心がというと、ハプスブルク家に関して語られる有名な言葉が、「戦争はほかのもの(他家)にさせよ。汝オーストリアは結婚せよ」だったからである。血統なしには存続できないヨーロッパ最長最大の王家はこうして戦略的な結婚政策で延命をはかってきたというわけだが、もちろん実際には大いに戦争もした。

ハプスブルク家の結婚政策の収支決算は、なぜか同家に断然有利に結果した。他の名門王侯家に嫁いだり婿入りした場合は、相手先の後継者が亡くなったりして、その王侯家を引き継ぐことが多い一方、ハプスブルク家が迎え入れた王女たちは夫婦円満の中よく子供を、後継者を生んでくれたのである。

代表例が在位六十八年の長きに及んだ皇帝フランツ・ヨーゼフ一世(在位一八四八〜一九一六)で、バート・イシェル湯治でようやく授かった世継ぎという評判が立ったのか、「塩の王子」とも称された。もちろん本人お気に入りの温泉地であり、ここで見合いして、見合い相手の美貌の妹エリザベートのほうを見初めている。ただしこの結婚はハプスブルク家の悲劇のきっかけとなった。帝国内に温泉地が広がっていたことも裏目に出て、皇后はハンガリー、ブダペストを好み、孫娘小エリザベートはボヘミアの温泉地を好むなど皇族の志向はばらばらとなり、皇室御用達温泉地バート・イシェルに一家が親しく集い、憩うことはもはやなくなっていくのである。

兵力消耗戦となる七年戦争

一八世紀のオーストリア継承戦争と続く七年戦争でハプスブルク家の主役は、「女帝」と称された有名なマリア・テレジア(在位一七四〇～八〇)である。相手役はプロイセン王国建国二代目のフリードリヒ二世(大王)。二十三歳で家督を継いだマリア・テレジアのオーストリア継承にプロイセンが異議を唱え、温泉をはじめ資源豊かなシュレジエンを占領して、一七四〇年にオーストリア継承戦争を招いた。戦争はプロイセンのシュレジエン領有を追認して一七四八年にいったん終結するが、当然にもマリア・テレジア側の巻き返し、シュレジエン奪還の戦争を準備させることになる。それが一七五六年から七年続いた七年戦争であった。

今度は、同時的に起きた英仏間の新大陸アメリカ植民地をめぐる戦争がからみ、両陣営に加担するイギリスとフランスの立場が代わった。ハプスブルク家オーストリア側には神聖ローマ帝国内のザクセン選帝侯国など帝国軍、スウェーデン、ロシアに加えて、今度は一七五六年に防御同盟を取り交わしたフランスまでまきこみ、万全の体制で臨む。一方、プロイセン側には逆にイギリスが付いたが、内実は後方支援であり、戦闘自体はプロイセン軍の孤軍奮闘に委ねられていた。

なお、以下の会戦の年月や結果については複数の資料にもとづいている[10]。戦争はプロイセン包囲網の弱い部分を破ることをねらったフリードリヒ大王の七万のプロイセン軍が一七五六年八月、ザクセンへ先制攻撃したことから始まり、緒戦ではプロイセンが連戦連勝する。一七五八年に入り、八月にプロイセン軍は侵攻してきたロシア軍をツォルンドルフの戦いで防いだものの、十月にはザクセンのホホキルヒの会戦でロシアとオーストリア連合軍に大敗し、歩兵の三分の一を失う。これが七年戦争における兵力消耗戦の始まりだった。しかも戦争は「最初のグローバルな戦争」の様相を見せ始めていた。

当時のプロイセンの人口は約五百万人。その限られた人口の中から徴兵により急速に軍備増強をはかり、新興王国を膨張させようとしていた。したがって兵力の損傷は軍事展開に直接的に多大な影響をもたらす。ところが、諸国が加担し、戦線も東西に拡がった七年戦争では、数千、数万の軍隊同士の戦闘のたびに数百、数千単位の捕虜と同規模の死傷者を生むようになったのである[11]。

そこでプロイセン軍は、「戦闘により大量に発生した負傷者への対処も大問題[12]」であると認識し、主要都市や部隊に医師、とくに外科医を配置し、病院も設置した。しかし進行する事態にこれだけでは対処できなくなる。兵士の補充と負傷将兵のリハビリによる復帰をいかにはかるのか、このことが戦争継続の重要課題であり続けたのだ。

そのとき、ひとつの打開策がプロイセン国王側近や軍中枢部の脳裏に浮かんだはずである。それはオーストリアと領土を接し、係争地域を抱えて交戦が続く神聖ローマ帝国東部地域(シュレジエ

ロンデック・ズドロイ（ポーランド）の公共温泉施設内

ン、ボヘミア）に豊かに存在する温泉地、湯治場の存在とその活用である。過去の戦争、すなわち三十年戦争時にすでに実績があったのだ。

この事実は、赤十字国際委員会（ＩＣＲＣ）の一八八五年次紀要（ブルティン）に記されている[13]。紀要によると、先の三十年戦争時にシュレジエンの温泉地、ドイツ名バート・ランデック（現ポーランドのロンデック・ズドロイ：ズドロイ〔zdrój〕は温泉の意）が「保護状」を受け取ることで、戦時の中立性を保証されたという。保護状とは、一帯を支配しているか軍事的に優勢な陣営（国や軍勢）が一定の場所や一帯への「通行の安全を保証する」ことを確約した通知のこと。保護状をもらった温泉地は戦にまきこまれずに通常どおり湯治療養の場としての機能、役割を保てたのである。

こうした先例をどこまで把握していたかは確認できないが、東ではロシアとオーストリアが同盟条約を締結してさらに軍事的結束を強めようとし、さらに一七五九年には西からフランス軍が攻めこむ動きを見せる中、守勢に回ろうとするプロイセン側が先に動く。その詳しい経緯については、オーストリアの歴史家フォン・ラインホールト・ロレンツが一九五五年に『オーストリア歴史研究所通信』に発表した論稿「Krieg und Neutralität im Kurort（温泉保養地における戦争と中立）[14]」にもとづいて見ていきたい。

戦争当事国が温泉地中立化協定を交わす

プロイセンによる敵方オーストリアへの働きかけは一七五八年暮れから一七五九年頭にかけて、イェーガルンドルフ(現チェコのクルノフ)という町での捕虜交換をめぐる両国交渉の中で始まった。そのときフリードリヒ大王より全権委任されたプロイセン側委員から初めて注目に値する提案がなされたようである。

提案の趣旨は、相対峙する軍隊の構成員(将兵)が、双方の戦争指揮官が信任を与えた保護状・通行免状(Schutzbrief)を持参していれば、あらかじめ指定された四カ所の温泉地へ妨害されず平穏に行き来できて、温泉施設で湯治療養できるようにするというものであった。両国交渉委員がこの提案に意見一致をみたので、最終的に両君主の裁定を仰ぐことになった。同年三月十日、オーストリアの「女帝」マリア・テレジアが承認したことをプロイセン側に通知。三月十九日にオーストリア側はプロイセンのフリードリヒ大王も了承したという確約を受け取った。

これを受けて両軍の指揮官が信任を与えることとなり、五月十二日に国王の命により保護状にプロイセン軍司令官カール・プロイセン公がランツフォート(現ドイツの町)にて署名。五月十六日にはシュヴェッツ(現ポーランドの町)にてオーストリア皇帝軍司令官レオポルト・フォン・ダウン元帥も保護状に署名した。プロイセンとオーストリアの保護状は四通の正副本となってそれぞれ相手方に送られ、五月末頃には指定された四カ所の温泉地一帯を管轄する現地司令官により当該温泉地で公示され、印刷物によっても広く告知された。

温泉地中立化協定によって指定され、保護状を交付された四カ所の温泉地とは、シュレジエン地方のドイツ名ヴァルムブルム（現ポーランドのツィエプリーツェ・ズドロイ）とドイツ名バート・ランデック（現ポーランドのロンデック・ズドロイ）、ボヘミア地方のドイツ名テプリッツ（現チェコのテプリツェ）とドイツ名カールスバート（現チェコのカルロヴィ・ヴァリ）であった。

こうして七年戦争最中の一七五九年五月末、戦闘を重ねていたプロイセンとオーストリア両国が温泉地中立化協定というべき画期的な国際協定を結んだ。締結に至ったのは、一七五八年から一七五九年前半にかけてはまだ両軍勢は一進一退を繰り返して、どちらが優勢ともつかず、双方とも死傷者や捕虜の数が次第に積み上がりつつあった状況が背景にあったからだろう。しかも一七五九年五月末という締結の時期は、五月末には西から元帥コンタード伯率いるフランス軍が本格的に動き始め、八月には東のクネルスドルフの戦いでダウン元帥率いるオーストリア軍とロシア軍にプロイセン軍が惨敗してしまうという、きわどいタイミングだった。

四カ所の温泉地は一体どのような判断でもって選ばれたのだろうか。

まず、指定温泉地がある地域の選定からして両陣営のバランスをとっていた。プロイセンが実効支配するシュレジエンとオーストリアが領有するボヘミアからそれぞれ二カ所ずつを選び、配置している。これに関して「女帝」マリア・テレジアは承認を与える際、「健康回復で知られていた二温泉地（ランデックとヴァルムブルンのこと）はプロイセン側が利用でき、ボヘミアのカールスバートとテプリッツの二温泉地は（オーストリア）皇帝側が利用できる」という意向をプロイセン側に伝えていた。温泉地の選定と配分には実際に戦時活用しようという両国君主の強い意思と現実的な判断がこめられていたのである。

第二に、選ばれたのは数百年の歴史を積み重ねた古湯で、誉れ高い名湯ばかり。両陣営の司令官をはじめ将兵にとって、いざとなれば温泉療養できるという期待のみならず、そうした温泉地を戦禍で蹂躙してかまわないなどという気持を起こさせないような重みを発揮していた温泉地だったと言える。

第三の理由は、大勢の人員が利用できる機能や設備を持つ温泉療養施設と、その周りに長期滞在可能な宿泊施設を十分備えていたことである。それなしには戦時に傷病兵の温泉リハビリセンターとしての役割は果たせない。承知のとおり、ヨーロッパの温泉地は中心部に入浴や飲泉ほか温泉利用・療養のための公共的な温泉施設（ドイツ語ではクアミッテルハウス）を設けて、その周囲に温泉入浴などの利用設備をほとんどが備えていない宿泊施設が並ぶかたちで構成されている。この中核的な温泉療養施設の存在が大事であった。

次に、はたして温泉地中立化協定は実際に機能し得たのだろうか。

先の歴史家フォン・ラインホールト・ロレンツの論稿によると、協定締結後の一七五九年八月、ダウン元帥率いるオーストリア軍とロシア軍にオーデル川岸クネルスドルフの戦で惨敗したプロイセン軍から、「一二八名の負傷者と病人が、九月上旬に政府委員と共に指定温泉地の一つ、ボヘミアのテプリッツ（チェコ名テプリツェ）に滞在していた」事実がわかっている。プロイセン軍はシュレジエンの温泉地を、オーストリア軍はボヘミアの温泉地を専ら利用するとしたマリア・テレジアの決定とはずれていたが、協定は順守されていた。

こうして七年戦争の個々の会戦の勝敗をよそに、保護状交付というかたちで保証をとりつけた温泉地は、交戦国双方の傷病兵らを温泉療養のために受け入れる避難所、治癒力に支えられたアジールとして機能したのである。

中立地と認められた四カ所の温泉地

四つの中立地帯指定の温泉地についてそれぞれ紹介したい。

まずシュレジエンのヴァルムブルム（現ツィエプリーツェ・ズドロイ）はポーランドの南西端、スデーティ山脈の麓（海抜三五〇メートル）にあり、ドイツとチェコ（ボヘミア）に最も近い温泉地だ。一三世紀まで記録をさかのぼれる、ポーランドで最も古い温泉地とされる。領主が狩をしていたとき、鹿が温泉で傷を癒していたところを見つけられたという動物発見伝承を持つ。

一六世紀にはボヘミア王国に属してハプスブルク家の領有下にあったが、オーストリア継承戦争でプロイセンに組み入れられていた。泉質は硫黄分を含む場合もあるカルシウム—硫酸塩泉で、泉温は冷泉の二十一度から高温の六十二度までと幅があるが、近年かなり深く掘削して、ヨーロッパでも有数の高温の源泉を得たという。四温泉地中、筆者は残念ながらここだけは訪れていない。

現在、ポーランド政府公認の「ヘルスリゾート（健康保養地）」が全国に四十三カ所。そのうちズドロイ、温泉地は二十六カ所を数える[15]。大半がチェコとの国境地帯をなすスデーティ山脈麓に点在している。なかでもチェコ側に小さな半島のように突き出たクウォツコ地域には、ショパンが湯治滞在したドゥシニキ・ズドロイやポラニッツア、クドヴァなど大きな温泉地が集中し、もう一つの指定温泉地でドイツ名バート・ランデック（現ロンデック・ズドロイ）もその東端の緑濃い山懐（海抜四五〇メートル）に抱かれている。

モンゴル帝国のバトゥ率いる西方遠征軍がヨーロッパの奥深く、シュレジエン（ポーランドのシロンスク地方）まで侵入した際、神聖ローマ帝国の一部公国とポーランド王国連合軍は一二四一年にレグニーツァ（リーグニッツあるいはワールシュタット）の戦いで迎え撃ったが、せん滅された。そのときランデックの入浴施設も破壊されたことを述べた詩があるというほどの古湯で、今も温かい硫黄泉が自然湧出しており、温泉らしい湯の香が温泉街に漂う。

ランデックが三十年戦争時に「保護状」を受け取ることで、戦時の中立性を保証されたという事実は前述した。これはヨーロッパで温泉地が中立地として認められた最も早い例と思われる。

現在のロンデック・ズドロイには一六八〇年に建てられた、ドーム型でバロック調の内外の装飾を含めて宮殿にみまがう温泉療養施設がある。公園になった敷地内には黄白色に硫黄を析出させて噴出する泉源があり、飲泉できる。温泉施設の中央部分はトルコ（ハマム）風の天上の高い大きな円形浴場で、水着の男女が腰掛けたり、湯浴みしながらくつろいでいた。ここは泳げるため、ヨーロッパの浴場区分からすれば温泉プールに当たる。

一八世紀のオーストリア継承戦争と七年戦争はシュレジエンの領有をめぐる争奪戦争でもあったため、ランデックをはじめ当地の温泉地は停滞状況に追い込まれていた。それが一七五九年の温泉地中立化協定に支えられて役割を回復することができたことに、当該温泉地のホームページでも歴史記述の中でその意義を高く評価している。

概してポーランドの温泉地は旧東欧社会主義圏の福利厚生面の手厚さを引き継ぎ、格安に滞在できるサナトリウム、ペンションスタイルの宿泊施設が整い、今では外国人観光客も気軽に利用できる。日本以上に温泉地が家族連れや若いカップルでにぎわうのも印象的である。飲泉・温泉施設が並ぶ緑の温泉公園のベンチで憩う親の周りではしゃぐ子供たち。恋人たちはおいしい特大のクレープをほおばりながら公園散策を楽しむ。平穏さと憩い、安らぎと癒しの場が戦場と対極の存在であることを実感させる光景だ。

あと二カ所の指定温泉地は現在のチェコにある。プラハから北西へ鉄道で一時間半ほど、ドイツ国境に近いボヘミア地方のなだらかな丘陵地に横たわるテプリツェ(ドイツ名テプリッツ)はチェコの代表的温泉地の一つ。テプリツェはスラブ語で「温かい水」を意味し、一二世紀にボヘミアの女王が創設したベネディクト派修道院で温泉を利用していたようだ。名湯の誉れと施設の充実ぶりが神聖ローマ帝国内外の王侯貴族の来訪を促し、国を超えて多士済々集う自由さが、同じく選ばれたほかの温泉地同様に中立地にふさわしい要件となったのだろう。

テプリツェの温泉公園内にベートーベン・スパハウスがある。ベートーベンは一八一一年と翌年ここに湯治逗留し、交響曲第七番や第八番の作曲を手がけた。滞在中のエピソードがある。ベートーベンが敬愛するゲーテと一緒にテプリツェの温泉公園を散策中、たまたまハプスブルク家オーストリア皇后一行とすれ違う。ゲーテは挨拶したが、ベートーベンは無視した。

だれしも認める大作曲家ベートーベンだからか、あるいは世間の秩序からは解放された自由で中立な温泉地だから許されたのか。もっとも、万人を受け容れる温泉地の特性には隠された一面もあったことは、生涯を通じて温泉地に足繁く通ったゲーテも知らぬままそのフィルターにかけられていたことは後に述べよう。

テプリツェ（チェコ）の源泉井の一つ

ボヘミアで指定されたもう一つの温泉地が、ドイツ名カールスバート（チェコ名カルロヴィ・ヴァリ）である。四温泉地の中で最も知られた国際的な温泉保養地で、日本人観光客も多い。草津温泉や箱根を筆頭に日本の温泉資源と自然環境、温泉地の可能性を高く評価し、ヨーロッパの温泉保養地概念にあてはまる温泉地づくりを提唱したのは、ドイツの医学者で宮内省侍医も務めたエルヴィン・フォン・ベルツ博士である。ベルツ博士は、「ヨーロッパであればカールスバートをしのぐほど……」という賛辞を与えている。それほどにヨーロッパの温泉地の代表格であったのだ。

チェコ名カルロヴィ・ヴァリの「ヴァリ」はスラブ語で「沸騰(熱泉)」を意味するように、ヨーロッパでは希少な間欠泉が見学でき、最高七十二度の高温泉が湧出している。開湯は一四世紀とされ、同時期のボヘミア国王も兼任した神聖ローマ帝国皇帝カール四世(チェコ名カレル一世)の治世に国王直属自由都市としての特許状を与えられて、温泉地としての発展の基礎を築いた。地名も彼の名前にちなんでいる。

源泉数が多く、主な泉質は薄い塩味とミネラル味のある含重曹・芒硝―食塩泉と、血行を良くして新陳代謝を促す炭酸泉である。これらの泉質が傷の回復を早め、傷病兵のリハビリにも効果的なことも、活用された大きな理由だったろう。とくに一六世紀以降は飲泉療法がヨーロッパで注目されるようになると、飲泉所が温泉街の各所に設けられ、独特な飲泉カップで飲泉する人がコロナードと呼ばれる長い屋根付き歩道を散策する光景がおなじみとなった。開けた渓流の谷間に沿った温泉街にはカラフルな温泉ホテルや洗練された建造物が並ぶ、とても美しい温泉町である。

赤十字創設に至る温泉地の歴史と役割

一七世紀前半の三十年戦争から一八世紀半ばの七年戦争へと近世ヨーロッパで絶え間なかった戦争において、温泉地への保護状交付を先例に、交戦国間の国際的な協定にもとづいて温泉地を戦時中立化させるに至ったことはどのような歴史的意義を有しているのだろうか。

まず重要なのは、保護状交付や協定の持つ最も核心的な内容と考え方が、その後も歴史的な事例としてしっかり継承されたという事実である。

一つはフランス革命後、一九世紀初頭のナポレオン時代、皇帝になる前の統領ナポレオン率いるフランス軍が占領した神聖ローマ帝国領域内において、現ドイツ北西部のニーダー・ザクセン州のハノーファーからハーメルン周辺に点在するバート・ピルモント、バート・ネンドルフ、リリエンタールの各温泉地の「安全を完全に保証する」と、一八〇三年にフランス軍の州司令官が布告していることである。

三つの温泉地の中でバート・ピルモントは温泉都市であり、青銅器時代の奉納品[16]や、古代ローマ時代のフィブラ(金属ブローチ)や銀貨などが聖なる泉とみなされた泉源地から出土し、出土品はバロック調のピルモント城内にある「市と温泉の歴史コレクション」を展示する博物館で見ることができる。中世の版画には傷病者が担架に乗せられて湯治に訪れる光景が描かれているように、湯治場として知られていた。今も炭酸泉が六カ所の泉源から豊富に自然湧出し、主泉源のヒリガー・ボルンに壮麗な飲泉施設が建つ。

一方、バート・ネンドルフはヨーロッパ有数の成分の濃い硫化水素泉(硫黄泉)で、効能は一六世紀には知られるようになっていた。安全保証を受ける前の一八世紀後半には温泉医学の裏付けをもって温泉施設やクアパークが建設されていたので、温泉療養施設の充実ぶりも評価、指定(布告)の理由となったのだろう。そのバート・ピルモントもバート・ネンドルフも三十年戦争時にはピルモント城が損壊したり、ネンドルフ周辺が廃村になるなどのダメージをのりこえて、温泉地として復興をとげていた。

二番目の継承事例として、一八〇四年にナポレオンが皇帝の座に就き、フランス第一帝政が始まると、一八〇六年には神聖ローマ帝国が八百年以上の帝国史に終止符を打った。皇帝ナポレオン一世ベルリン入城後の一八〇七年、先のバート・ネンドルフに加えて、バルト海に近い現メクレンブルク＝フォアポンメルン州のバート・ドベランの二つの温泉地にフランスの現地総督が同様の安全保証を与えている。

バート・ピルモント（ドイツ）湯治風景
（中世の木版画より）

このときかつての主役だったプロイセン王国は、ナポレオン率いるフランス帝国の攻勢に受身一方の状況に追い込まれていた。それでも戦時の温泉地に平和と安全を保証（中立化）するという施策は、ヨーロッパの一時期ながら覇者となったフランスが引き継いだ。フランスが新しい主役たり得たのは、やはり温泉（地）へのこれまでのかかわり方やまなざしに根ざしていると考えられる。

英仏戦争が終わった後、王権によって国土統一が進み、ヴァロア朝（一四九八〜一五八九）を迎えた一六世紀の著名な思想家で、新旧両派が血と血で争った宗教戦争の最中に調停役も務めたモンテーニュ（一五三三〜九二）の温泉へのかかわり方から思い起こそう。[17]

モンテーニュは『随想録(エッセー)』初版を発表した一五八〇年春、本を献上した国王アンリ三世から褒めの言葉をもらい、一段落した思いだったろう。そこで宗教戦争にあけくれている国内をしばし離れて、持病の腎臓結石を温泉療養で改善したいと願い、同年六月からフランス国内、スイス、ドイツ、イタリアの古き良き湯治場を巡る一年半の旅に出る。モンテーニュは『旅日記』に、泉源露天風呂入浴の情景を描いた同時代の木版画で知られるフランスのプロンビエールやスイスのバーデン、イタリアのバーニ・ディ・ルッカなど各国の温泉地の浴場の様子やそこでの湯治記録をしたためた。温泉入浴や飲泉が利尿効果を発揮し、結石もいくつか排出できたことも記している。一六世紀にはすでに湯治案内書も刊行されていたと前に述べたように、温泉地の湯治場としての役割は十分認められていた。

フランス国王や陪臣らも温泉に出かけていた。アンリ三世はいくつかの温泉地の改善計画にかかわり、続くブルボン朝の国王アンリ四世は温泉・鉱泉を国が監督する総監制度を設けた。[18]監督を託されたのは国王の主席侍医で、各州毎に医師を温泉監督官に任命している。監督官は源泉を発見、保護し、源泉の特性を検査し、温泉施設が順調に機能できるように監督した。この流れから一七七二年四月には王立医学委員会が設立された。革命はそれらを廃止し、王や貴族主体の湯治、温泉地保護の流れを一時止めたが、その後も温泉地整備施策は強化されていく。

このようにして継承された温泉地への中立と安全の保証という歴史的な蓄積は、それに至った経過や意義全体を再評価されて、戦争と平和にかかわる最も重要な成果に結実していく。すなわち国際的な赤十字の発足を理論づけと実績の双方の面から後押ししたのである。

承知のとおり、赤十字は一八六三年十月にスイス・ジュネーブで開かれた国際会議で赤十字規約を採択し、翌年ジュネーブ条約に各国が調印して発足した。赤十字が一八世紀の温泉地中立化協定に注目したのは、赤十字が掲げようとする理念を実現させていた希有な事例だったからだ。

赤十字創設の動機、目的は、戦争時に敵味方を問わず戦傷病者を救護できるか。そのために野戦病院を含めて戦闘が続く領域内に中立平和で安全な避難所を、ただ避難させるだけでなく治療・療養に役立つ避難所をいかにして確保するか、ということであった。

先の赤十字国際委員会の一八八五年次紀要は、「戦時に傷病者が滞在できる場の中立を宣言する必要性は長らく関係者の大きな関心事であった」と記す。その解決策を考えたとき、近世ヨーロッパですでに実績があり、古くから湯治療養のための施設を備え、国・地域や出身階層を問わず人々に安全で平穏な治癒の場として認知され、利用されてきた温泉地が、戦時においてもこうした避難所の有力な候補、モデルとされたのは当然であろう。

赤十字国際委員会の一八八五年次紀要や同じくラインホールト・ロレンツの論稿によれば、病院と同じように「中立性」という利点があてはまる場を確保する必要性を最も早く、一八六六年にオーストリアの医学誌で提唱したのは、ボヘミアの温泉地マリエンバート（現チェコのマリアーンスケー・ラーズニェ)のハインリヒ・キッシュ博士であったという。多数の戦傷病者を安全に世話することができて、彼らが不安がらずに回復できるような場として温泉(地)の活用をキッシュ博士は翌一八六七年に提唱した。そして戦争地帯でも公共(温泉)療養施設(とその土地)の中立性を守る事項を加えることを赤十字国際委員会の委員にうながした。しかし採択には至っていない。

こうした経緯をふまえて、一八六九年四月にベルリンで開かれた赤十字の会議では、別の人物から新たな提案が加わった。その要旨は、「戦争中に国を問わず傷病者が訪れる温泉療養施設に備わるべき中立性、ひいては戦時に必要な戦傷兵を手当てするアジールとなる場の中立を宣言するよう各国政府の関与を要請する[19]」ものであった。

戦争時に何より平和維持と中立性を求められ、それが保証されてはじめて手当のための避難所、療養所として機能し得る赤十字の存在意義は、温泉地の存在意義と通底していた。湯治・療養の機能や施設を備えた温泉地はその重要な要件、特性として「中立性」と「アジール」性を備えていることを、一九世紀半ばになって結成された赤十字が十分に認識し、評価を与えたのだった。

君主や指導者の欲望と思惑によって引き起こされた戦争の数世紀を通じて、病や傷から立ち直るまでつかのまの平和を温泉地で惜しんだ戦傷病者らは、家族や恋人のもとへ無事戻ることができたのだろうか。戦場と化した大海に浮かぶ孤島のようなアジール(癒しの避難所)空間。その特性を際立って現出させた温泉地中立化協定は、赤十字が誕生する一世紀以上前のエポックだった。多くの人にとって歴史の中に埋もれていた事実が持つこの栄誉をもっと世にしらしめてよいのではないだろうか。

注および参考文献

(1) Jason Loam,David Bybee & Marjorie Gersh,"Hot Springs and Hot Pools of the U.S.",Aqua Thermal Access,1990.
(2) Bill & Ruth Kaysing,"Great Hot Springs of the West"4th edition revised,Capra Press,1993.
(3) 于航「中国の温泉文化について」(『温泉地域研究』第六号所収、日本温泉地域学会、二〇〇六年)によれば、中国の温泉地の数は三千か所を超えるという。
(4) Dee Brown,"The American Spa—Hot Springs,Arkansas",Rose Publishing Company,1982.
(5) Francis J.Scully,"Hot Springs,Arkansas and Hot Springs National Park",The Library of Cogress.
(6) Grace Maguire Swanner,"Saratoga—Queen of Spas",Norton Country Books,1988.
(7) 前出の注(4)より。
(8) 三宅理一『マニエリスム都市』(平凡社、一九八八年)による。
(9) ハプスブルク家と温泉の縁については、石川理夫『温泉で、なぜ人は気持ちよくなるのか』(講談社プラスα新書、二〇〇一年)でふれている。
(10) フリードリヒ大王『七年戦争史』(石原莞爾監修、石原莞爾全集第五巻収録)、Johann Wilhelm von Archenholz,Frederic Adam Catty,"The History of the Seven Years War in Germany"(English edition),1843.
(11) 七年戦争時の温泉地中立協定締結の経過については、石川理夫「温泉地のアジール性についての考察　戦国時代の禁制と近世ヨーロッパの温泉地中立地帯宣言」(『温泉地域研究』第一七号所収、日本温泉地域学会、二〇一一年九月)で論じている。
(12) 阪口修平編著『歴史と軍隊』(創元社、二〇一〇年)による。
(13) The International Committee of the Red Cross(Comité International de la Croix-Rouge),"Bulletin International des Sociétés de Secours aux Militaires Blessés",vol16,p123,1885.
(14) Von Reinhold Lorenz, Krieg und Neutralitäat im Kurort,"Mitteilungen des Instituts Für Österreichische Geschichtsforschung (MIÖG)"

63. Band, Hermann Böhlaus Nachf., 1955.
なお、この論稿の存在はウラディミール・クリチェク著（種村季弘・高木万里子訳）『世界温泉文化史』（国文社、一九九四年）巻末の文献表から見いだした。同書は簡潔ながら一八世紀ヨーロッパでの温泉地中立地帯宣言の事実に言及している。

（15）ポーランド政府観光機構（Polish Tourist Organization）発行の「Poland for Health and Beauty」（2005）にもとづく。

（16）前出（14）のウラディミール・クリチェク『世界温泉文化史』による。

（17）石川理夫『温泉巡礼』（ＰＨＰ研究所、二〇〇六年）にて、モンテーニュの一年半のヨーロッパ温泉巡礼について詳しく述べた。

（18）フィリップ・ランジュニュー＝ヴィヤール『フランスの温泉リゾート』（文庫クセジュ、白水社、二〇〇六年）による。

（19）前出の注（13）より原文一二一頁。

第四章　戦《いくさ》と温泉発見伝説

温泉発見伝説が生まれる背景

多くの歴史ある温泉地には温泉発見伝説、開湯伝承が残されている。その中には戦争、戦《いくさ》がかかわる温泉発見伝説も含まれる。こうした発見伝説を、温泉地の観光パンフでときに見られるようにあたかもすべて史実かのように鵜呑みにするか、あるいは「単なる伝説にすぎない」とまったく切り捨ててしまうのか、どちらの態度も温泉(地)の有り様を考える立場からは望ましくない。

そう言う理由の一つは、温泉地ゆえの発見伝説を生みだす動機や背景といったものを考察しておく意義があるからである。二番目には、ばらばらに見える発見伝説もいくつかの類型に分類でき、類型や伝説内容によっては一定の歴史的な根拠にもとづいている場合があるからだ(1)。

まず第一の観点について、発見伝説を生む動機や背景は三つ考えられる。そのうち(1)と(3)には戦もかかわってくる。

（1）温泉地のプロモーション
（2）温泉（地）の聖性、温泉信仰とのかかわり
（3）温泉地が脚光を浴びる歴史的事件

（1）のプロモーションは、近代の所産とは限らず昔からあった。当該温泉地の効能や評価、知名度を高める目的で発見伝説を創作する。創作する際は、よく知られた神話や英雄譚などをヒントに権威づけする。

例として、「日本武尊（倭建命＝ヤマトタケルノミコト）が東征の折、白い鷹に導かれて発見し、病を養った」という群馬県宝川温泉、「三韓遠征の折、神功《じんぐう》皇后が発見して湯治した」という佐賀県の嬉野《うれしの》温泉や武雄《たけお》温泉、「神功皇后が帰路に産気づいたとき産湯にした」という熊本県杖立《つえたて》温泉を挙げてよい。

主に『古事記』天皇巻の創作的要素が強い話を素材にしているが、ここで背景となる戦は大和朝廷（王権）の統治が全国に及ぶ、あるいは朝鮮半島と密接にかかわる長いプロセスをダイジェスト的に表現したものだ。もっとも、九州の温泉地の場合は朝鮮半島、大陸と近く、伝説内容と近しい何らかの経過はあったかもしれないと人々に思わせる、古くから交流してきた土地ゆえのプロモーションになっている。

(2)による発見伝説は、これまでも述べてきた温泉(地)の聖性にかかわる。具体的な伝説としては、中世以降に各地の温泉寺で類似した内容で編まれた縁起に由来する場合が多い。兵庫県有馬温泉の「温泉寺縁起」のように、内容は行基が薬師如来による試しと導きから温泉を再発見し、温泉を復興して寺を創建したという話に代表される。

次いで、温泉の治癒力として発揮される神仏の霊験を予感させる温泉発見伝説が含まれる。これは生物学的に稀な天賦の純白さを備えた白い動物たちが主役となる。彼らは温泉を守る薬師如来の化身か先導役とみなされた。

室町時代の『有馬温泉寺縁起絵』(京都国立博物館蔵)

例は数多い。白い猿は岩手県鉛《なまり》温泉、山口県俵山《たわらやま》温泉。白いキツネは山口県湯田温泉。白いオオカミは鳥取県三朝《みささ》温泉。白い斑《ぶち》のある鷹は山形県白布《しらぶ》温泉。東北地方で高所に湧く温泉を「高湯」と呼ぶが、「白布高湯」の白布温泉は「白斑鷹湯」とも称された。こうした白い動物を含む動物発見伝説は、次に述べる発見伝説の基本類型の一つに挙げられるほどだ。

そして(3)では、温泉地が見いだされるきっかけとなった歴史事件の有力最大なものとして、当地をまきこんだ戦がかかわってくる。

三つに分類される温泉発見伝説

第二の観点から、温泉発見伝説のコアとなる内容展開にもとづいて基本類型を考えてみよう。これは世界的に見てほぼ共通項化することができ、基本的には三つの主だった類型に分けられる。

一、動物発見伝説
二、高僧・聖者発見伝説
三、国王・為政者・有力武将発見伝説

温泉発見伝説については、戦前から柳田國男をはじめとして考察がなされてきた。その中で民俗学者の山口貞夫は四種類に大別している。(2)

一、神託あるいは霊夢によるもの
二、著名な高僧武人の手引によるもの
三、傷ついた動物の浴泉によるもの
四、武将の傷兵を送った場合

ここでは二と四に武人・武将が重なり、類型化としてはすっきりしない。また、高僧と武人が温泉発見にかかわる動機には大きな違いがあり、一緒にはできない。一の神託あるいは霊夢は温泉信仰の投影であることが多く、二の高僧発見伝説と温泉信仰面で重なってくる。

筆者が挙げた三つの基本類型の中で、戦が背景としてかかわってくる三番目の類型を見る前に、一番目と二番目の基本的類型について述べておきたい。

だれしも類型として認める一番目の動物発見伝説は、動物が温泉に浸かったり、温泉泥を体にこすりつけるといった行為を通じて傷や虫さされ、皮膚病を癒したり、温泉に含まれる塩分やミネラル成分を摂取するなど何らかの目的で利用しているのを、狩人・猟師、里人らが見つけて温泉の所在を発見した、という二段構えになっている。山口貞夫が挙げた「傷ついた動物の浴泉によるもの」が温泉水を浴びることのみを意味するとしたら、それだけでないのも動物発見伝説の実相である。動物の飲泉行動はとくによく観察されているのだ。

主役となる動物は、先の希少な白い動物例以外に鹿と猪は世界的に多い。鹿は前章の温泉地中立化協定の指定温泉地の一つだったチェコのカルロヴィ・ヴァリ温泉がそうで、温泉街のコロナードのレリーフにその様子が刻まれている。日本では長野県の鹿教湯《かけゆ》温泉、鹿塩《かしお》温泉、群馬県鹿沢《かざわ》温泉、熊本県山鹿温泉といった名前からもわかる。猪は王朝時代から利用されていた韓国の徳邱《トック》温泉やフランス・ピレネー地方のサリエ・ド・ベアルン温泉、日本では伊豆半島の伊東温泉の元湯の一つ「猪戸の湯」などがある。

ほかにもイギリスのバース温泉のように豚や、タヌキ、熊、馬、犬、猫が登場する。猫は水や温

サリエ・ド・ベアルン温泉（フランス）の温泉施設はイノシシのレリーフを飾る

泉が苦手だと思われがちだが、温泉特有の硫化水素の湯の香を好む様子を何度か目にしたことがある。ちなみに福島県猫啼《ねこなき》温泉は「和泉式部の愛猫が発見した」という伝説を持つ。

鳥類は多い。人が近づくとその場から飛び立つゆえに発見されやすい。鶴の湯、鳩ノ湯など鶴や鳩の名前を冠した温泉地は各地にある。さらに鷺《さぎ》、キジ、コウノトリ、ウグイス、カラスまで登場する。ほかには亀や温かい所が好きな蛇も挙げられる。温泉発見伝説に登場する動物だけで動物園ができるくらい種類は豊富である。

このように動物発見伝説には、温泉信仰の証左としての白い動物発見伝説以外にも、何より当の動物たちに温泉を利用する十分な動機、目的があり、その利用行為が人里離れたところに湧く温泉を人間が見つける場合の格好の要因となるという点で、伝説が生じる合理的な理由があると言えるだろう。

高僧発見伝説主役の条件と根拠

次に、第二の類型の聖者・高僧は、その国や地域の主たる宗教・信仰にかかわり、人々に崇敬されたリーダー的な存在で、基本的には実在の人物である。

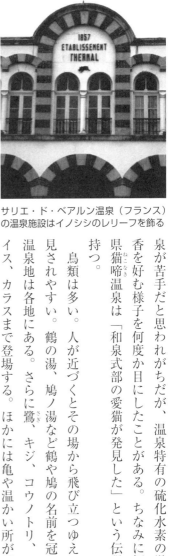

神道系は対象とならず、仏教の高僧が代わりを務める。これは仏教が神仏習合をもって支配的宗教になった時代以降に発見伝説が世に広まったことに加えて、仏教の僧、聖《ひじり》の側には温泉を発見する十分な機会と動機があったためと考える。

また、仏教の高僧であればだれでも名前が挙がったわけではない。条件があった。条件を考察する手がかりは、高僧発見伝説には圧倒的に次の人たちが登場するという事実だ。

一人は行基(六六八〜七四九)。奈良時代半ば、聖武天皇は「三宝の奴」と称えて行基の死を悼んだ。もう一人は、弘法大師空海(七七四〜八三五)。あえて三人目を加えるなら、平安時代前期に天台宗三代座主となり、初めて「大師」の称号を受けた慈覚大師円仁(七九四〜八六四)が挙げられる。

それ以外の人は、鎌倉時代以降で時宗開祖の一遍上人、日蓮宗開祖の日蓮上人、本願寺の蓮如上人といえども出番はきわめてまれでしかない。この理由は、その頃には各地の主だった温泉は他の類型の温泉発見伝説がらみを含めてあらかたデビューを済ませていたということも考えられる。

行基と空海の共通項は、一に、社会事業に携わって民衆の信望を集め、知名度抜群だったこと。すでに庶民の信仰対象となっていた。二に、山岳修験・山林修行者で各地を巡る人だったこと。三に、鉱物や湧泉・水、木材の在処など総じて山水に明るい人だったこと。空海は八一六(弘仁七)年、彼を重用した嵯峨天皇に高野山を入定の地として請願した奏上文に「空海少年の日好んで山水を渉覧して(3)」と自ら語っている。

空海は唐で土木工学、医薬を学び、いわば第一級の鉱物資源探査技術者でもあった。彼らが手にした錫杖《しゃくじょう》は岩や土をうがち、資源探査棒ともなった。嵯峨天皇が病のとき、空海は加持した「神水一瓶」を献上している。これは飲泉効果を発揮する鉱泉(温泉)水だったのではないか。

古代の宗教者の足跡をたどるのは難しい。乏しい文献から推測すると、行基の場合は社会事業や東大寺造営に必要な木材、金属資材集めに巡った先は畿内に限られていた。一方、山林修行者であった空海はもっと行動範囲が広かった。柳田國男は空海に帰する温泉・井戸発見伝説は全国に見いだされる、と指摘した。しかし実際には全国津々浦々までとはいかなかった。修行のために各地の霊場を巡れた期間も地域も限られていたのである。

弘法大師像と本堂に一礼して入浴する出湯温泉（新潟県）境内に共同湯がある

こうした行動範囲の広さも、後に生まれる発見伝説形成に影響しただろう。しかし先の条件に見たように、最も重要なのは彼らが朝廷や都の貴族、学問僧との交わりに終始せず、山林修行者としての本分を忘れず、各地を巡り、民衆と接し、社会事業に携わって民衆から崇敬される存在であったことだろう。空海の故郷、讃岐の国司が、満濃池修築の責任者(別当)に空海をあてるよう朝廷に願い出たのも、「民から父母のように恋慕されている空海がいれば、多くの民が集まってこれに従う」からであった。

いくら高名な僧でも、唐から帰朝後直ちに比叡山に籠もって天台宗を開いた伝教大師最澄は発見伝説に登場しない。初期の天台宗は持ち帰った経典内容からして山林修行者とは一線を画し、本人も各地を巡らず、朝廷貴族とのかかわりのみで民衆と直接接することはなかったからだろう。

伝説は、民衆レベルまで浸透した知名度と崇敬の念を背景に多くかたちづくられる。天台宗の側でいくつか発見伝説に、とくに東日本以北の温泉地に登場するのが、空海の影響を受け、山林修行の伝統もふまえて天台宗の教学を広く伝播すべく、生地(下野国)があった東国中心に各地を巡った可能性がある慈覚大師円仁である事実もこれを物語る。

次に、仏教僧の側、なかでも山岳・山林修行の聖はなぜ温泉・泉水を発見する動機や機会を持ち得たのか。

現実問題として、山岳・山林の修行場・霊場を巡り、ときには寺院造営の要請を受けて鉱物資源、木材を調達する彼らは各所で自然に湧き出る温泉・湧泉に出会う可能性が高かった。周囲は雪が残るのにそこだけ雪が溶け、地面がなま温かい所を錫杖でうがつと、温泉水がにじみ出てきたこともあったろう。

それればかりではない。山林で修行する彼ら自身、温泉・湧泉・水を必要としていた。平安初期の『日本霊異記《りょうい》』は、山岳修験道の祖とされる役行者小角《えんのぎょうじゃおづぬ》が清い泉で髪をすすぎ、世俗・煩悩の垢をすすいだと記す。山岳修験・山林修行者は身を清める沐浴を重視していた。

さらに仏に供える法水、行に使う加持水などこうした泉水を「閼伽《あか》」と称し、行場・霊場・寺院では「閼伽井」を確保する必要があった。冷泉であれ温泉であれ、湧泉は最も貴重な閼伽井となった。思えば、唐におもむく前の空海が故郷讃岐を含む四国一円の修行場・霊場で修行した場を、彼を慕う僧・聖らが後に足跡をたどって「四国の辺《へ》地・辺道」巡りをし始めたのが四国遍（辺）路のルーツの一つとされる。堂宇が建てられるようになったそうした修行場・霊場、今日の札所には、閼伽井や閼伽谷、温泉を含む泉水井戸、鉱泉にちなむ山号などが数多く残されている。

空海本人がどこまで直接関与できたかはさておき、それが行基菩薩や弘法大師信仰の高まりと普及につれて、彼らの後を継ぐ修行僧・聖らによって開かれた湧泉井まで、最も高名で民衆信仰を集める弘法大師空海らが右代表となって発見の当事者たる栄誉を担い、伝説として語り継がれることになったのではないだろうか。

天皇、皇子と温泉の出会い方

三番目の類型が、戦の指導者でもある国王や為政者、有力武将による発見伝説である。

この第三の類型も世界的にほぼ共通している。違いといえば、ヨーロッパでは代表例として、チェコの温泉地カルロヴィ・ヴァリが神聖ローマ皇帝兼ボヘミア国王となったカレル一世（皇帝カール四世）と狩猟で傷ついた鹿、イギリスの温泉地バースが伝説の古代ブリテンの王子ブラダッドと病んだ豚というように、国王・王子が第一類型の動物とデュエットで発見伝説の主役になる例がある。ところが日本では天皇は発見伝説には登場しない。代わりに温泉地が文献に初記載される、いわばデビューの先導役を天皇、皇子が果たすのである。

最初の例は、先に紹介した『古事記』に温泉として唯一記された道後温泉の先導役となった允恭天皇の皇太子・木梨軽太子《きなしのかるのひつぎのみこ》であった。この話は『伊予国風土記』逸文の少彦名命と大己貴命の温泉蘇生物語と同様に、道後温泉の発見伝説ではない。

次に道後温泉、「牟婁温湯《むろのゆ》」または「紀温湯《きのゆ》」と『日本書紀』に記されて登場する現在の(南紀)白浜温泉とともに《日本三古湯》と称される有馬温泉も、文献初登場の先導役を舒明《じょめい》天皇が担う。『日本書紀』によると、六三〇年九月から十二月まで八十五日間、当時の都・飛鳥岡本宮から行幸した先が「有間温湯《ありまのゆ》」であり、天皇の温泉行幸の初記録となる。舒明天皇は六三八年十月から翌年正月にかけても、有馬温泉に仮宮殿「有間温湯宮《ありまのゆのみや》」を設けて再訪。六三九年十二月から翌年四月までは、『万葉集』から察するに皇后(後の皇極、斉明天皇として重祚)と一緒に道後温泉にも出かけている。天皇がかくも長期間、都を離れて温泉行幸＝湯治ができるようになったのは、大豪族である蘇我氏の後ろ盾を得て朝廷が一時期安定していたからだろう。

舒明天皇以降、天皇と温泉のかかわりは『日本書紀』や『続日本紀』の記述からも顕著になった。有馬温泉の場合、前に紹介した行基による温泉(再)発見伝説よりずっと早い時代に天皇が行幸したことにより、温泉の存在はすでに明らかであり、中世につくられた温泉発見伝説も温泉再興、再発見という内容になったわけである。

《日本三古湯》で残る現・白浜温泉も、早くから文献に記されたため発見伝説はない。代わりに『日本書紀』に初登場した際、古代史に数多い受難、悲劇の皇子の一人として孝徳天皇(皇極天皇の弟)の皇子・有間皇子《ありまのみこ》が先導役を務めることとなった。

白浜温泉は大正時代に白良浜海岸の温泉開発で大きくなってからの新名称で、以前は湯崎七湯など海岸一帯に湧く温泉群を総称して鉛山《かなやま》温泉と呼ばれていた。『日本書紀』では、現在故事にちなむ崎の湯露天風呂がある湯崎温泉を指して「牟婁温湯」「紀温湯」と記したと思われる。「牟婁」は和歌山県や三重県に郡名として残り、土佐の室戸といった地名同様に奥まった場所や磐(岩屋)を意味する。崎の湯近くの海中から温泉が今もぷくぷくと自然湧出しており、海岸岩崖の洞窟か深くえぐれた場所から湧出していた「牟婁温湯」の名残と思われる天然湯壺跡が現在の崎の湯男性露天風呂の一隅に見いだせる。

南紀白浜温泉「崎の湯露天風呂」

『日本書紀』によると六五七年、有間皇子が「牟婁温湯」に行って「病が自然に治りました」と伯母の斉明天皇に湯治を勧め、これを聞いた斉明天皇が「行ってみたい」と喜ばれたことが、斉明天皇の第二皇子で蘇我入鹿を討って大化改新を主導し、孝徳天皇即位と同時に皇太子に立てられていた中大兄皇子《なかのおおえのみこ》(後の天智天皇)には《陰謀》の引き金とみなされた。

皇位に執着せず、柔仁で学者を好む人柄と『日本書紀』に描写された父・孝徳天皇同様に、有間皇子は皇位継承を争うほどの相手ではあり得ない。体験した温泉の効果を伝え、温泉地の良き先導役たらんとしただけのはずである。しかし対抗馬の芽はすべて未然に摘む意思を露わにし、すでに異母兄で第一皇子の古人皇子を謀反の罪をきせて滅ぼしていた中大兄皇子にはその存在自体が目障りだった。

斉明天皇は翌年秋十月に「紀温湯」に晴れて行幸した。その留守中、飛鳥の都と皇宮を守る責任者の蘇我赤兄臣《あかえのおみ》が有間皇子に斉明天皇の「失政」を数え上げ、謀反をそそのかす。一方で、「有間皇子が謀反を起こそうとしています」と「紀温湯」滞在中の中大兄皇子と天皇のもとへ注進に及ぶのだから、最初から仕組まれていた疑いが濃い。戦になるまでもなく有間皇子は捕らえられ、「紀温湯」へ連行される。

有間皇子を「性黠《さと》くして陽狂す(悪賢い性格で狂人を装った)」「病を療《おさ》むる偽《まね》して」温泉から帰って来た、とあしざまに描く『日本書紀』だが、「何故に謀反を起こそうとしたのか」と尋問する中大兄皇子に「天と(蘇我)赤兄が知っていることで、私は何も解らない」と答えるほかなかった有間皇子の無念さはその記述からも推して知るべしだ。

こうして有間皇子は「紀温湯」から再び護送されて戻る途中の藤白坂(現・和歌山県海南市)で絞首刑に処された。『万葉集』巻二の「挽歌」に有間皇子が詠んだ二首が収められている。

「磐白《いはしろ》の　浜松が枝《え》を　引結び　真幸《まさき》くあらば　また還り見む」
「家に有れば　笥《け》に盛る飯《いひ》を　草枕旅にし有れば　椎の葉に盛る」

一般に護送途中に詠んだとされているが、「磐白」（現・和歌山県みなべ町岩代）は都方面から「紀温湯」に至る道筋では、絞殺された藤白坂よりずっと「紀温湯」に近い南に位置する。したがって「また還り見む」と希望を込めた一首目も、悲壮感がにじんでいない二番目の歌も、「紀温湯」に連行される往路に詠んだものではないか。二首を通じて運命への諦観は感じられても、まさか処刑までされるとは思っていなかった節がうかがえる。

平安と憩いの場であるべき温泉地が、先導役となった皇子たちを通じて、流刑地の役割の次には、連行され尋問糾弾する場として使われた。藤白坂は峠道で、峠は生死の境界の地。温泉地で処刑しなかったのは、伯母の天皇が湯治滞在していたことと、温泉地がはらむアジール性ゆえであったかもしれない。

戦と温泉の出会い、最初の武将は坂上田村麻呂

国王が発見伝説の主役となるヨーロッパと異なり、日本ではこうして天皇、皇子は先導役を果たした。そうなると、第三の類型による温泉発見伝説の日本での主役は有力武将ということになる。内訳はその時代の著名な武将、幕府を開いた源頼朝など源氏方の武将、戦国大名の三者が含まれ、三者三様に戦の影がつきまとう。

発見伝説に最も早く登場する武将はだれか。それは平安時代初頭の七九七(延暦十六)年十一月に征夷大将軍に任ぜられた坂上田村麻呂(七五八〜八一一)である。

田村麻呂はそのときすでに陸奥出羽按察使兼陸奥守兼鎮守将軍に任命されており、これによって奥州一円の最高権力者となった。平安京遷都前の七九三(延暦十二)年、武官最高位としてなじみ深い征夷大将軍という官職ができ、初めて就任したのは大伴弟(乙)麻呂で、坂上田村麻呂はその下で副将軍として活躍してからの昇進である。そして坂上田村麻呂こそ征夷大将軍の名にふさわしい武将だった。

坂上田村麻呂がなぜ温泉発見伝説に登場するのか、しかもなぜ最初の武将だったのかを考察する前に、実際にどのような温泉地に坂上田村麻呂発見伝説があるのか、検証は抜きに名前を列挙しよう。

最西端に位置するのが和歌山県美里《みさと》温泉で、次に長野県蓼科《たてしな》温泉。関東地方では群馬県の四万《しま》温泉、万座温泉、梨木温泉がある。東北地方に入り、福島県岳《だけ》温泉、続いて岩手県が最も多く、花巻温泉郷の台《だい》温泉、志戸平《しどだいら》温泉、大沢温泉、そして岩手八幡平の藤七《とうしち》温泉。秋田県では男鹿半島の湯本温泉がある。

地域的には北関東・群馬県と東北地方・岩手県に集中している。これは当然といえよう。古代の地方行政区画では信濃、上野《こうずけ》(群馬県)など北関東から陸奥へかけて東山道に含まれ、坂上田村麻呂の軍勢の進路もこれに従ったことだろう。実際に「蝦夷(エミシ)」との戦が行われ、後に胆沢《いさわ》城(現・奥州市)を造営した場所は岩手県である。

なお、エミシという言葉について付言しておきたい。古代蝦夷研究者の工藤雅樹氏は、エミシは古い時期の日本語で、「毛人」「蝦夷」の字をあてたと言う。推古朝末から舒明・皇極朝の大臣で蘇我馬子の子・蘇我毛人(蝦夷)、遣隋使・小野妹子の子に小野毛人の名があったように、正確な語義はわからないが「強くておそろしい」、畏怖と尊敬の念が入り交じった語であったろうと述べている(4)。

史料(主に『日本紀略』)によると、坂上田村麻呂は征夷大将軍に任命されてしばらく経った八〇一(延暦二十)年二月に朝廷より軍事行動発令となる「節刀」を授けられ、十月に節刀を返した。その間に奥州に遠征し、四万人の軍勢を引き連れて「夷賊を討伐」したことになる。そして翌年に胆沢城を造営し、多賀城から鎮守府を移した。田村麻呂は胆沢城使を兼任した。

陸奥国でもさらに奥地まで、新たに築かれた軍事的政治的拠点をてこに中央直轄支配が進み、郡制が敷かれた。この間の田村麻呂の足跡や人柄について、(一)エミシ側の拠点集落は平野部から四散、平定のために山間地まで入った、(二)帰属したエミシの民の移配政策を進めた、(三)族長・リーダーである「アテルイ」らが投降帰順した、(四)胆沢城造営のため東国一帯の人間を大量動員した、(五)勇力と寛容さ、柔和さを併せ持っていた、ことなどが特徴的に挙げられる。

古代東北史研究の新野直吉著『古代東北の兵乱』は、田村麻呂以前の敗戦続きでエミシへの怨念と不信感が中央にうずまき、都に伴ったアテルイと母礼《もれ》のリーダー二人を斬刑に処したい公卿らを、田村麻呂が「この度は願にまかせて返し入れ、その賊類を招かん」と止めるが、結局公卿らは許さず斬ってしまった、と記している。

坂上田村麻呂は戦果のみならず、包容力ある人間性、『日本後紀』に「赤面黄髭にして勇力人に過ぐ、将帥の量あり」と称賛された風格、将帥としての器の大きさが、周囲に深い印象を与えたらしい。それは戦をしかけられたエミシ側も同じだったようだ。アテルイらの投降は単に諦めではなく、将軍坂上田村麻呂への信頼あってのことだったろう。体格の良さや異国的な風貌は、坂上氏が有力な渡来系氏族の東漢《やまとのあや》氏出身だったせいかもしれない。

奥州に大軍勢を率いた武威の拡がりだけでなく、田村麻呂の軍勢の行動範囲は広く、知られざる温泉が湧いていた山間地まで及んだこと。エミシ側を含む奥州の人々に知名度も人望も高く、大量動員を通じて名声はあまねく東国の人々の記憶にも深く刻まれたこと。それが東北各地に今も田村神社を残し、軍神的な崇敬、信仰すら生んだ。後に各種の伝承や『田村麻呂伝記』を編むに至る坂上田村麻呂大将軍崇拝が、高僧とどこか似た構図で温泉発見伝説の主役を育む下地となったのではないだろうか。

阿倍比羅夫はなぜ伝説に登場しないのか

坂上田村麻呂はなぜ発見伝説最初の武将たり得たのか。エミシと戦を交えた著名な武将というともう一人、阿倍比羅夫《あべのひらふ》の名前が浮かぶ。

『日本書紀』には斉明天皇四（六五八）年四月から六年三月にかけて、越の国守で水軍の長・阿倍比羅夫が軍船を率いてエミシやミシハセ（粛慎）を討ったという記述が断続的に現れる。ミシハセは沿海州など北方ツングース系と目される人々で、交易を求めて渡島（北海道道南地方）や東北北部沿岸にたびたび来着していた。阿倍比羅夫の任務にも軍事行動や教化作戦だけでなく、立ち寄った湊を通じての交易促進が含まれていた。したがって「討った」のは、交易条件が折り合わないなど何らかのトラブルの結果で、最初から交戦ありきではなかっただろう。

阿倍比羅夫が発見伝説に登場し得なかった理由は主に二つ考えられる。

第一に、阿倍比羅夫は水軍の指揮官という特別な立場の武将であったこと。行動は軍船で日本海岸に沿って進むのが基本で、坂上田村麻呂のように集落のある内陸深く進むわけではなかった。これでは地域的な接点や人々とふれ合う機会は限られる。もとより温泉との出会いも考えにくい。

第二に、阿倍比羅夫が武将として活躍した時代があまりに早すぎたこと。温泉史から見ても、後の時代に編纂される記紀を通じて日本の温泉地がようやく姿を現す黎明期である。しかも阿倍比羅夫は唐・新羅連合軍との白村江の戦いに直接参加はしていないが、国家存亡の危機を迎え、後将軍として朝鮮半島方面に出陣している。これではますます温泉との出会いの可能性、すなわち温泉を語り継ぐ人々との出会いもあり得なかった。

坂上田村麻呂の温泉発見伝説に戻ると、列挙された温泉地の中には田村麻呂の行動範囲からみて地域的に無理があったり、群馬県の四万温泉と万座温泉以外はそもそも温泉地自体の歴史が浅い所も含まれている。要するに田村麻呂の名声にあやかったプロモーションでしかない。

それをふまえた上で坂上田村麻呂による最初の武将発見伝説最大の意義は、温泉と戦争が初めて出会った歴史的事例となったこと、これまで北関東から東北地方に埋もれていた温泉地が明らかになり始めたことであった。

そしてその後も、東国での源氏方武将の台頭、東北地方で相次ぐ戦争が、東・北日本の温泉地をさらに歴史の表舞台に立たせていく。そこで次に、新しい軍事貴族と言うべき平氏と源氏を生みだす平安王朝の温泉模様を概観しておきたい。

平安王朝の公達や女官が出会えた温泉

時は平安王朝華やかなりし頃。女性の邸を訪ねたやんごとなき貴公子に女房らがあるものを用意した。櫛箱と髪上げの箱、鏡台である。鏡台に向かう貴公子は手慣れた仕草で鬢《びん》のほつれを直し、ほれぼれした様子で鏡を見つめる。「わが御影の鏡台に映れるが、いと清らなるを見たまひて……」という描写どおり、自分の顔がいつも美しく鏡に映えることを知っていた。

みだしなみを整え、髪の手入れに余念がない貴公子は光源氏。引用は藤原道長絶頂期の十一世紀前半に紫式部が書いた『源氏物語』「末摘花」巻の一節で、物語には光源氏が鏡台に向かう情景描写が少なくない。光源氏は帝が慈しんだ第二皇子だったが、帝の寵愛を一身に受けた生母は皇后・中宮ではなく妃(更衣)の一人。有力な後ろ盾がなかったので、皇子は臣籍に下されて源氏姓を賜ったのだった。

皇子・親王、皇孫への源氏、平氏の賜姓は平安初期の嵯峨天皇、淳和天皇頃に始まる。皇統を絶やしてはならないとはいえ、親王、皇孫が増えて財政逼迫したのが臣籍降下を始めた背景にあったようだ。

同じく臣籍に下っても、一般に平氏・平家といえば公達、源氏といえば武将のイメージが強い。ただし、それは源平合戦に至った究極の姿。実際はどちらもありで、平氏にも平将門や平忠常の乱のように強大な武力反乱で朝廷を震撼させた一門がいれば、源氏にも公卿として藤原氏に劣らず朝廷で権勢をふるう一門がいた。その中で武術ではなく、薫り立つ高貴な女性たち相手に男を磨いた光源氏は、物語を設定した時代がそうであるように皇子が臣籍に下り始めた頃を象徴する存在だった。

ただ、公達が宮廷社会や都にとどまるかぎり、温泉とは出会えない。未知の温泉と遭遇するには遠出のチャンスが必要だ。それには国司などに任命されて地方赴任するか、帝の勅許で「軍事大権」を委ねられて征夷大将軍か、そうでなければ押領使《おうりょう》か追討使に任ぜられて武将として遠征するしかない。ただ、それ以外に公達や女官に二つの機会があり得た。一つは、ずばり温泉湯治の許可を得ること。もう一つは寺社参詣である。

第一の機会例として、一〇世紀前半に成立した有名な『竹取物語』が挙げられる。かぐや姫へ求婚した公達の一人、庫持皇子《くらもちのみこ》の場合、「蓬萊の珠の枝を取ってくること」が求婚に応じる姫の条件だった。そこで皇子は朝廷に「筑紫の国に湯浴みにまからむ（湯治に行ってまいります）」と休暇を願い出て許可される。しかし、難波の湊までは出かけたが、九州へ船出せず、近在に用意した隠れ家で工匠らに蓬萊の珠の枝もどきを作らせ、はるばる遠方より持ち帰ったように見せかけてかぐや姫の前に現れた、というのが物語のあらすじだった。

皇子がアリバイ工作に名を出したほど、筑紫の国まで出かけて湯治が認められる著名な温泉といえば、『万葉集』で大宰帥《だざいのそち》（大宰府長官）の大伴旅人が詠んだ歌の題詞に「次田（すきた・すいた）温泉の宿で鶴が鳴くのを聞いて作った」と記された現・二日市温泉（福岡県筑紫野市）だろう。次田温泉は大宰府に近く、大宰府勤務の官人や警備の武人、周辺の寺僧らが入浴する官許の温泉場で、都の貴族も度々訪れていた。

先の時代に天皇や皇子が先鞭をつけた温泉湯治行を平安貴族も踏襲していた。文献に見える早い例では、九〇五（延喜五）年に選者・紀貫之らによる初の勅撰和歌集『古今和歌集』に、「但馬国の湯へまかりける時に、二見の浦といふ所」で詠んだ歌があるように、都から比較的近い湯治先として、現在の兵庫県城崎温泉が初登場する。もちろん有馬温泉は定番の湯治先として人気は変わらない。右大臣藤原実資《さねすけ》（九八二～一〇三二）の日記『小右記《しょうゆうき》』には、左兵衛督《さひょうえのかみ》源頼定が一〇一九（寛仁三）年二月十五日に「身病を治す為明日に有馬温泉へ向かう」などと記され、藤原道長が有馬温泉に出かけた際に大勢の公卿らが「風病を治す為」を口実にこぞってお供したことを批判している。

続いて第二の機会としては、院政が始まる平安時代後期にますます盛んになって上皇や女院、公卿らが大勢の供を従えた様子を「蟻の熊野詣で」と言われた熊野三山参詣が代表的である。古来の熊野信仰にもとづく聖地である三山の中心、熊野本宮近くに湧く湯の峰温泉は湯垢離場として平安王朝人には憧れの温泉だった。

前に紹介したように、ここでの入浴体験を「この湯に浴すれば万病を消除するといわれる」と日記『中右記』につづった右大臣藤原宗忠にとって、効果は実際に抜群だった。当時として驚異的な八十歳の長寿を得たのだから。

この第二の機会に、温泉との不思議な縁として有名な石山寺参詣を新たに加えたい。

石山寺は都の東、琵琶湖から流れ出る名所・瀬田川西岸にそびえる岩山の霊場に建つ。本尊は如意輪観音で、悩み事、願い事を抱えた女性が数多く参詣した。紫式部も詣でており、七日間の参籠中に『源氏物語』執筆の構想を得たという部屋「源氏の間」が保存されている。藤原道綱母による『蜻蛉《かげろう》日記』や菅原孝標女《たかすえのむすめ》による『更級《さらしな》日記』に石山寺参詣の様子が記されており、参籠者は本堂に籠もる前に「斎屋《ゆや》」まで下って斎戒沐浴、つまり身を湯水で清めるのがならわしだった。

本堂は瀬田川と反対側の谷の小さな岩山に清水の舞台よろしく立ち、斎屋へはその岩山から谷へ下りていく。谷には古来より「龍穴洞」がある。霊験あらたかとされた冷泉がこんこんと湧き出て、

紫式部も参籠した石山寺本堂。左下の谷に斎屋と冷泉湧く龍穴洞がある

池をなす様子は今も変わらない。じつは斎戒沐浴に使われたこの湧泉は泉温約二十度でラドンを多く含む放射能泉だった。昭和三十年代以降に石山温泉の名で引湯による温泉開発が始まり、門前から瀬田川沿いの参道に温泉旅館が二、三軒並ぶ。

紫式部や藤原道綱母、菅原孝標女をはじめ参籠者は知るよしもなかったが、彼女らも療養効果がある放射能泉の湧泉を浴びていたと想像される。湧出したての放射能泉には低量で薬理効果のあるラドンガスが溶けており、沐浴中に皮膚から体内に吸収されたり、空気中に蒸散するラドンを吸い込むことで効果を発揮する。

ラドンガスを洞窟内で吸入する放射能泉のオーストリアの有名温泉地バート・ガシュタインでは古来この洞窟浴が行われ、その療養効果について医学的な研究蓄積がなされてきた。これは心身への鎮静効果をもたらし、生殖機能改善や婦人病への効果も期待されてきた。となると、石山寺にお籠もりした平安王朝の才媛らにも、霊場という場の癒し力に放射能（天然ラドン）泉効果も加味されたのではないか。それが霊場石山寺の評判をより高め、観音信仰を篤いものにしたのかもしれない。

三名の源氏の武将と温泉発見伝説

ここで、国司などとして地方赴任するか武将として遠征するかという、未知の温泉と遭遇する機会を得る本道へ戻ろう。これは後者のみが世に知られる。すなわち温泉と戦争の出会い第二弾で、源氏の名だたる武将三名が初登場する。

勇名をはせて温泉と出会った……というよりは真実のところはおそらく武将の勇名、知名度にあやかって温泉地側がプロモーション的にデビューを果たしたその最初の武将が、八幡太郎源義家。二人目が、初めて武家政権を開いた最高権力者たる源頼朝。そして三人目が、最後のパトロンと頼る奥州平泉藤原氏のもとへ逃避行を余儀なくされる途中《温泉と出会った》という発見伝説の主人公で悲劇のヒーロー、源義経。三人三様ながらかかわるのはいずれも源氏が平氏をしのいで勢力を伸ばし、武門の権力基盤とした東国、奥州の温泉地である。本節では、温泉との出会い方が異なる義経は次章に委ね、前の二人の武将と温泉の縁を考える。

最初の武将、源義家。名が伝わる温泉地として岩手県盛岡市の繋《つなぎ》温泉、福島県石川町の母畑《ぼばた》元湯温泉、秋田県湯沢市の湯ノ沢温泉がある。

このように東北地方に点在している背景には、いわゆる前九年の役、当時の呼び方では「奥州十二年合戦」(一〇五一～六二年)と後三年の役(一〇八三～八七年)という長い戦争があった。舞台は現在の岩手県を中心に秋田、宮城県に及ぶ。なぜ戦は生じたのか。先の征夷大将軍坂上田村麻呂の遠征以降の奥州の動向をかいつまんで追ってみよう。

田村麻呂は胆沢城に続いて八〇三(延暦二十二)年、さらに北にあたる盛岡市南郊の北上川と雫石《しずくいし》川の合流点に志波《しわ》城を造営し、城使となった。発掘調査で政庁正殿や二百軒あまりの兵士宿舎らしい住居跡が見つかっている。ただ、志波城は水害で長続きせず、代わりにその南に徳丹《とくたん》城が築かれ、城柵の官衙《かんが》としてしばらく機能したようだ。陸奥国の国府として文官の国司(陸奥守)が赴任した多賀城、鎮守府を置いて武官たる鎮守府将軍を任命した胆沢城の二つを拠点に、陸奥国では盛岡周辺まで中央直轄支配が及ぶ。

田村麻呂の後、出羽国(現在の山形・秋田県一帯)と併せてこの鎮守府と国府を統轄する陸奥出羽按察使《あぜち》に八〇八(大同三)年、藤原緒嗣《おつぐ》が就任した。彼は桓武天皇に対して「天下の苦しむ所は軍事(エミシ遠征)と造作(造都)なり」と建議して遠征を中止させたほどの人物で、兵制を改革し、軍団と鎮守府の組織体制を整えている。この手堅い施策によって、八七八(元慶二)年と九三九(天慶二)年に国司の苛政に対して出羽国で起きたエミシの反乱、九四七(天暦元)年に陸奥国で起きたエミシ坂丸の乱以外は、奥州情勢は一一世紀半ばまで小康状態が続いた。

したがって温泉発見話も久しく生じない。その間に陸奥、出羽両国共に国府や鎮守府のもとで徴税を請け負い、水運を司ったりして実質的に采配をふるう在地官人層が力をつけ、土着エミシ勢力も配下に引き入れて武力を蓄え、豪族として強大になっていた。とくに鎮守府将軍が常時在庁しない鎮守府では顕著で、彼ら在地官人層が権力をふるった。その最有力一族が陸奥の安倍氏であり、出羽の清原氏である。

安倍氏の安倍忠良と子の頼良は自らを「酋長」と称し、清原氏の後継で奥州平泉藤原氏の祖、清衡も自らを「俘囚長」と称することがあった。彼らはエミシの出自アテルイのような族長とみなされがちだが、そうではなかった。ルーツは中央から下向した官人の子孫で、在地の有力者一族と縁戚関係を強めながら、代々鎮守府を支える中で地方豪族化していったようである。

源義家の勇名が引き寄せた温泉

こうした経緯をもって、安倍氏の棟梁・安倍頼良は代理徴税した官物（租税・上納物）まで中央に納めなくなり、胆沢の鎮守府が管轄する「奥六郡」のみならず境界線の衣川を越えて、国府多賀城の支配域まで脅かすほどになっていた。そこで一〇五一（永承六）年、陸奥守藤原登任《なりとう》は秋田城介・平繁成の軍勢を頼りに数千人を動員して安倍氏を攻撃した。ところが、「玉造郡鬼功（切）部」現在の宮城県鬼首《おにこうべ》温泉郷一帯で惨敗。奥州十二年合戦の火ぶたをきった。朝廷は代わって軍事貴族と呼ぶにふさわしい源頼義を陸奥守に任命して追討を命じ、異例の措置として二年後には鎮守府将軍も兼任させた。

源頼義は清和源氏・河内源氏の流れを汲む。父・頼信は一〇三一（長元四）年に平忠常の乱を収めて南関東の武門系の平氏を含む信望を集めた。続く頼義も相模国の国司（相模守）を務め、武人として認められて武門平氏の南関東での棟梁格にあたる平直方の娘婿になることを懇請され、義家らをもうけた。相模国では平直方の鎌倉の所領を贈られて将来の拠点を確保し、関東武士団の多くを束ねる立場に近づいていた。そして武勇をもって鳴る長男・義家を同行させた奥州行は、源氏の勢力を奥州まで伸ばす絶好の機会だった。

しかし事はそううまく運ばない。父子が陸奥に赴任すると、大赦によって安倍頼良の罪は不問に付されてしまった。頼良は頼時と改名してまで頼義に恭順の姿勢を示す。これでは任期五年の間に功名を立てる機会を失う。真相は闇だが、任期切れで戻る直前に殺傷事件が起き、安倍頼時の子・貞任《さだとう》が犯人に疑われた。これに対して、「貞任は愚かしといえども、父子の愛、捨て忘るること能わず」（合戦の実録的軍記『陸奥話記』より）と息子を差し出すことを拒否した安倍氏は一族を挙げて抵抗する。頼義に代わる新任の陸奥国司は騒乱におじけづいて辞任。頼義は再任され、戦が再開された。

安倍頼時は緒戦で戦死するも、嫡子・安倍貞任らは頑強に抗戦し、官軍は大敗して頼義・義家父子ら七騎で孤軍奮闘の状況まで追い込まれた。頼義戦死の誤報に家臣が跡を追おうとしたり、坊主になって頼義の死体を戦場に探し求めるなど、やがて訪れる武士社会の主従の倫理、忠義心が輪郭をあらわす戦争だった。

この間、源頼義に代わるまた次の国司が赴任するが、すぐ都に引き返してしまった。「（陸奥）国内の人民、みな前の司（頼義）の指揮に随うが故なり」と『陸奥話記』は記す。朝廷の論議が紛糾して追加支援を得られない頼義陣営が最終的に勝利を収められたのは、義家らの武勇もさることながら、結局、敵の敵をもって制する戦法で奥州のもう一つの強大な豪族、清原武則率いる清原氏一万余の軍勢を味方に得たからであった。

押領使に任ぜられて官軍の軍事権を行使できるようになった清原武則が、七陣に分けた軍勢のうち六陣まで指揮をとり、安倍氏を追いつめたのだ。最後は安倍貞任ら一族を火攻めで滅ぼす壮絶な合戦は盛岡市北郊の厨川《くりやがわ》柵で繰り広げられた。

こうした大規模で広域の戦が地域に埋もれていた温泉地を発掘した。ただし、発見伝説に父頼義は登場せず、子の義家だけ。これは源氏の次の棟梁という立場のみならず、強弓の腕など義家の武勇が奥州全域に知れわたっていたからか。しかも義家は一〇八三(永保三)年に陸奥守として再び奥州に入り、清原氏の内紛に干渉して、今度は出羽国(秋田県域)を主戦場とした後三年の役を起こしている。そこで各温泉地の伝承を源義家の合戦の記録と照らし合わせて紹介、検証しよう。

温泉にも馬がかかわる奥州の合戦

まずは盛岡市西郊、雫石川畔に湧く繋温泉である。

清原武則と源頼義率いる連合軍が安倍貞任軍を攻めて北へ撤退させ、厨川柵攻防に至る奥州十二年合戦の最終局面だったと思われる、一〇六二(康平五)年のこと。「本陣を繋温泉南方の山麓にあった湯の館に置いたとき、義家は温泉が湧いているのを発見し、愛馬の傷をこの温泉で洗うと快癒したので、義家も愛馬を穴のあいた石に繋いで入浴したといわれ、以来繋温泉と呼ばれるようになった」と当地には伝わる。構図から言えば、地名から類推された発見伝説になっている。

繋温泉は六十五度の硫化水素泉が湧く歴史の古い名湯だが、雫石川の河畔にあった温泉街はダム湖ができると高台に移されて、今では景観は一変している。温泉神社のすぐ下まで崖状態にえぐられ、拡張した道路の駐車場と化し、伝承の「繋石」まで移動させられた。これには義家も愛馬も泣きはしないか。

ともあれ『陸奥話記』には、「将軍の長男義家の猛々しい強さは抜群で、馬を走らせ弓を射ることは神業のようだった。白刃をかいくぐって重包囲を突破し、敵兵の側面に出て矢を射ると、必ず命中した。敵兵は一斉に逃げて刃向かう者はいない。敵兵も称号を捧げて『八幡太郎』と呼んだ」とある。勇名はこの地に深く刻まれた。奥州は都に知られた名馬の産地で、合戦で馬もよく傷ついた。母屋と馬屋が一体となった南部曲り家で知られるこの地方で、馬への愛着は格別で、それが馬とセットの発見伝説を育んだのだろう。

次に秋田県湯沢市の湯ノ沢温泉を見よう。

湯ノ沢温泉は秋田県南部方面から宮城県鬼首温泉郷へ抜ける峠越えの道筋から少しはずれた山間の渓流にのぞみ、清らかでじつに肌になめらかなアルカリ性単純温泉が今も豊かに自然湧出している。一軒宿ができたのは江戸時代のようだが、「後三年の役のとき、ここで義家の軍勢が兵を休ませた」と伝わる。奥州十二年合戦では秋田城方面から出陣した軍勢が峠を越えて、宮城県鬼首温泉郷一帯で合戦となった。後三年の役では湯沢市の北、横手市に近い金沢柵が決戦の舞台となる。こ

繋温泉にある繋石。源義家発見伝説を持つ

の一帯も軍勢の往来が増え、その結果人目にふれる機会ができて温泉が見いだされた可能性は高い。いつしか《発見》の栄誉は当地にも勇名をはせた義家に帰したのだろう。

　福島県石川町の母畑・石川温泉郷に含まれる母畑元湯温泉にも同じことがいえる。

　伝承は二段階あって、第一は「前九年の役のとき、義家の愛馬が傷を負い、岩間から湧く清水で洗ってやると、回復した」というもの。第二は「奥州の乱を平定した義家一行が都に帰る途中、再びこの地に立ち寄り、霊泉が湧く地に家臣の源有光を残して、山神に義家の母衣《ほろ》と旗を奉献した」というもの。これが温泉名の由来となっている。

　母畑元湯温泉はラドン含有量の高い放射能泉の冷泉で、東北地方には珍しい。奥州十二年合戦から後三年の役に至る源氏主力の奥州展開を受け、母畑元湯温泉が湧く石川郡に源有光が土着して石川氏と改め、後に「石川庄」として開発された[5]。鎌倉時代に円覚寺で幕府の執権・北条貞時の法会が催されたとき、馬を寄進した石川一族の名が多く記載されていたように、奥州の源氏系有力武士団に成長。戦国期になると伊達政宗に従い、仙台藩の重臣となって、幕末まで至っている。

　この発見伝説にも、戦に欠かせない馬が登場した。母畑元湯温泉の場合は、知れ渡っていた義家の勇名に加え、源有光の祖父・頼親は源頼義の父・頼信と兄弟であり、当地にその直系源氏武将が土着した歴史も、伝説を底支えする背景としてあったわけである。

源頼朝を助けた温泉の縁

東国を中心にこうして地歩を固めた頼義・義家の代から、頼義以降一門相伝となった鎌倉の地に源頼朝が初めて武家政権（幕府）をうち立てるまで、逆風続きのじつに百年近い歳月を要した。最後の逆風が頼朝に吹き荒れる中、頼朝の身を温かく包み込んでくれたのは、まことに温泉にかかわる縁だった。

平治の乱で挙兵した父・義朝が平清盛に滅ぼされた後、死罪はまぬがれた三男・頼朝は翌一一六〇（永暦元）年に伊豆へ配流された。配所は現・伊豆の国市韮山の地で、狩野川の中洲地帯（蛭ヶ島）とされる。温泉資源に恵まれた火山半島の伊豆で、配所の対岸に古より小名《こな》（＝古奈）温泉が湧いており、明治後期に開かれた長岡温泉と共に今では伊豆長岡温泉と総称されている。

鎌倉幕府編纂の正史『吾妻鏡』は、後の一二三六（嘉禎二）年四月十七日に四代将軍頼経が「伊豆国小名温泉」に出かける予定が「若宮の蟻の怪異の事」のため同月八日に断念した、と記す。このように鎌倉将軍に認知されていた温泉であり、配流が長くなるうち一定自由に行動できるようになった頼朝にも訪れる機会はあり得ただろう。また、壇ノ浦合戦で平氏が滅んだ一一八五（文治元）年には入浴したといわれるが、小名温泉との縁は強いとは言えない。

頼朝の大願成就を支えた温泉の縁といえば、現・熱海市の伊豆山温泉である。これは発見伝説としてではなく、現実的、歴史的な縁であった。

伊豆山温泉は古来、熱泉が海岸崖穴から海へほとばしる「走湯《はしり》」に始まった。この走湯への信仰に箱根火山に連なる後背地の日金《ひがね》山への山岳信仰が重なり、神仏習合による走湯(山)権現信仰の霊場が成立し、箱根権現の神域に連なる一大霊場となっていた。明治初年の神仏分離令によって伊豆山神社と名称を変えたが、本来の祭神の中に火の(山)神(火牟須比命＝ホムスビノミコト)が含まれており、温泉の走湯信仰はその成因となる火の(山)神信仰でもあった。これは温泉の熱源である鶴見岳火山に対する火の(山)神信仰を持ち、アタミ(朝見)と呼ばれた別府温泉郷と共通している。

ところで当時の武家の棟梁は女性関係が多い。頼朝の場合は生き長らえるためにも女性の縁をたぐり寄せていたのだろう。平氏側に付いた伊東の地の目付役伊東祐親の娘に子まで生ませたのがばれ、殺されかけた頼朝を庇護したのは、伊豆の別の監視役北条時政で、父が留守中その娘政子とも結ばれた。再び命をねらわれずにこのちぎりを固められたのは、何より政子の一途な愛と、一族の将来展望を考えた時政の政治的判断、政子と頼朝をアジール的にかくまった走湯山権現のおかげである。走湯山別当の住僧・覚淵を師とした頼朝の走湯山権現信仰はさらに篤いものとなった。

一一八〇(治承四)年、後白河法皇の皇子・以仁王《もちひとおう》が平氏打倒の令旨《りょうじ》を諸国源氏勢力に発する。このとき頼朝は走湯山権現に必勝祈願したという。兵力、態勢共に不十分なまま挙兵してしまった頼朝が、平氏側に付いた相模国の大庭景親や伊豆の伊東祐親らの軍勢にはさまれたのが石橋山（現・小田原市）の合戦である。数少ない頼朝側の軍勢には、伊豆山温泉の隣にあって『万葉集』に詠われた湯河原温泉（現・神奈川県湯河原町）一帯が本拠の土肥《とい》氏がいた。合戦に敗れ、箱根山中にちりぢりばらばらになって逃れたとき助けたのは箱根権現と走湯山権現の衆徒勢力である。甲斐国の源氏一党が応援に出て敵をはばみ、同じく頼朝に付いた三浦氏一族により海路房総半島へ危機一髪脱出するまで、衆徒勢力は後方支援した。

伊豆山神社本殿

この恩を忘れるはずはない。幕府を開いた後、頼朝は走湯山と箱根の二所権現詣でを公にし、自らたびたび参詣する。走湯山は幕府の崇敬と保護の対象となった。中世に成立した『走湯山縁起』は神鏡と仙人による温泉発見伝承とともに、修験道の祖と言われる役行者が来て走湯からあふれ出る温泉で湯浴みしたとも記す。霊場の湯垢離場として早くから衆徒用に湯屋が設けられていたらしい。したがって走湯山権現領域に庇護されていた当時から、頼朝にもあるいは政子にも伊豆山温泉に入浴する機会は多かったと考えられる。

伊豆山温泉はいま熱海市内に広がる熱海温泉郷の一つに数えられる。熱海温泉もかつては海から湧いていた熱泉がいつ頃か

走湯泉源跡

陸に移り、大正年間まで熱泉の間欠泉が噴き上げていた大湯を中心にいくつか泉源が点在していた。この大湯を核とする熱海温泉は『吾妻鏡』に「阿多美郷」と記され、走湯山権現の社領に属しつつも独自の温泉集落として、鎌倉時代以降次第に輪郭を明らかにしていく。

　したがって少なくとも頼朝が生きた時代には、走り湯の伊豆山温泉が今日の熱海温泉郷の温泉利用の草分け、中心だったと言えよう。それが頼朝による初の武家政権樹立を下支えし、最高権力者となった頼朝に新たな温泉地との出会いをつくる。

草津温泉と頼朝の接点

　江戸から明治にかけて、相撲番付表にならった温泉番付が温泉地をはじめ各地でつくられた。主な名称は『諸国温泉功能鑑《こうのうかがみ》』で、行司役の中心を「神の験」「再生の湯」と称されてその権威を世間が認める「熊野本宮の湯（湯の峰温泉）」が務め、効能本位で温泉地を東西に分けて番付している。最高位の東の大関は草津温泉、西の大関は有馬温泉。両者の座は江戸・明治を通じて不動であった。

　群馬県草津温泉は、温泉の母なる火山・草津白根山の山腹、標高一二〇〇メートルの高原地に位置する。高冷地の草津では江戸時代に冬場はすべて宿もたたみ、下の集落に移る「冬住」の慣習があった。フル稼働の通年営業が温泉地のビジネススタンダードではない。ヨーロッパの多くの温泉地が今もそうであるように、営業は四、五月から十月までの半年間だけだった。

すべて自然湧出の強酸性泉で、総湧出量は毎分約三万二三〇〇リットル。ふつうの家庭の風呂なら一六〇戸分を一分間で満杯にしてしまう日本一の自噴湧出量と、硫黄の黄白色の湯の華を析出させて湯畑、湯滝を形成する草津温泉に人々は驚嘆した。戦の世が終わって、交通網が整備される江戸時代になると、「恋の病以外万病を治す」とうたわれる草津へすがる思いで湯治に行く人が引きも切らなかった。

ところで、草津という温泉地名はどこから来ているのか。

草津温泉について記した文献で早い例は、室町時代に天台宗の学僧・歌人の尭恵《ぎょうえ》法師（一四三〇〜九八）が記した紀行文『北国紀行』と考えられる。一四八五（文明十七）年九月に「これより桟路をつた（伝）ひ久草津《くそうづ》の温泉に二七日侍《はべ》り、詞も続かぬ愚作などし、鎮守明神に奉納し、又山中を経て伊香保の出湯にうつりぬ」[6]とある。これまで活字にされた『北国紀行』は読み誤りから短絡的に「草津」と表記していたが、実際は「久草津」と書いてある。「二七日」は計十四日間のこと。湯治は一週間を基本単位（一回り）とするのが海外でも一般的で、尭恵法師はちょうど二回り滞在した。こうして室町時代には浴舎や宿を備えて草津、伊香保が北関東の名だたる温泉場として定着しており、二カ所をはしご湯治する慣行も始まっていた。

続いて連歌師の宗祇（一四二一〜一五〇二）が越後の上杉氏のもとからの帰路、箱根湯本温泉で亡くなる年の一五〇二(文亀二)年に草津に立ち寄り、入湯した。宗祇に同行した弟子・宗長が「上野《こうずけ》の国久相津といふ湯に入りて……」(傍点筆者)と『宗祇終焉記』に書いている。[7]

以上二つの文献から、草津は「久草津」「久相津」と漢字を当てたように中世には「くそうづ」と呼ばれていたことがわかる。文献に裏付けられるかぎり草津温泉を最も早く訪れた人は、東国巡礼の際の一四七二(文明四)年五月、本願寺九代法主・蓮如上人であることが江戸時代の信濃の寺院史料から明らかになったが、すでに「草津」と表記され、参考にはならない。なお、蓮如自身による『御文《おふみ》』[8]は、一四七五(文明五)年九月下旬に布教拠点の加賀(現・石川県)山中温泉へ入湯したことは記したが、草津訪問は見あたらない。

草津の地元民は「くさづ」と濁って読んでいた。それが全国から訪れる湯治客の影響を受け、濁らず「くさつ」と言うようになったという。「くさづ」とは、泉源から漂う硫化水素のにおいから「臭水《くさうず》」と呼んだのが始まりという地名考[9]は合理的な説明である。

これほど豊富に自然湧出している草津温泉なので、歴史は相当古くまでさかのぼれるはずだが、いつ頃開かれたか定かでない。草津白根山は早くから山岳信仰の対象、霊場となっていたので、おそらく修験・修行者が山腹で大規模に湧く温泉を見いだし、利用するようになったのが始まりと考えられる。先の文献から中世すでに草津にあった鎮守明神は、白根火山信仰を背景に温泉の守護神を兼ねていたので、湯治客が参拝していたのだろう。

一方、数ある発見伝説の一つとして、湯畑を見下ろす高台に薬師堂と共に建つ光泉寺の縁起（『温泉奇効記』）には行基が発見したとある。これは温泉寺縁起に多い話だが、行基が東国を巡行した記録はない。山岳・山林修行者の代表格として行基の名が挙がったとも言える。なかでも注目したいのは、「源頼朝が狩に来た際、草津温泉を発見した」という話である。というのは、頼朝は草津入口にあたる裾野の原野「三原（野）」で大がかりな狩を挙行した史実があるためだ。

武将は実戦に見立てられる勇壮な狩を好む。先に紹介したチェコのカルロヴィ・ヴァリ温泉も、一四世紀にボヘミア王国を隆盛に導いた国王カレル一世が狩猟好きで、狩の際に、追った先で鹿が矢傷を癒していたことから発見したという話が伝えられている。

大規模な狩は参加者の武勇を試すだけでなく、奥地まで狩に赴くことで戦に備えて地形を覚え、同時に狩場一帯に武威をあまねく知らしめる効果も持っていた。この構図は頼朝と草津温泉の関係にかかわっている。

一一九二（建久三）年三月、頼朝にとってやっかいな相手の後白河法皇が崩御。七月に頼朝は征夷大将軍に任ぜられた。戦いで勝ち取っていた権力に正統性が与えられたのだ。『吾妻鏡』によると、後白河法皇一周忌で服喪期間が明けた一一九三（建久四）年三月二十一日から五月にかけて、頼朝は狩の一大イベントを立て続けに催す。狩場は武蔵国入間野に始まり、下野国那須野、「信濃国三原（野）」、いったん鎌倉に戻って五月は富士の裾野という順だった。狩場の範囲を見れば、東国での権力基盤固めの意味もあったとうかがえるが、富士の裾野での巻狩の終盤に有名な曽我十郎・五郎

源頼朝にちなむ白旗源泉と共同浴場「御座之湯」

兄弟の仇討ちが起きたように、なお不安定要因を抱えていたことが事件から透けて見える。

三原（野）周辺で頼朝が滞在できたのは、四月の「二三日、那須野で狩」をして以降、「二八日、上野国よりお帰りになる」と記された五日間しかない。『吾妻鏡』の記述は短く、草津温泉はもとより上野国でどう行動したか一切ふれていない。

浅間山北麓の三原（野）を『吾妻鏡』は「信濃国三原」としているが、上野国が正しい。草津町と隣接する嬬恋《つまごい》村に三原の地名が現存し、万座・草津白根山への玄関口となっている。余談だが、群馬県嬬恋村側浅間山北麓で開発した別荘地を信州軽井沢のブランドイメージにあやかって「北軽井沢」と呼ぶルーツはどうやら『吾妻鏡』にありそうだ。

曽我兄弟の仇討ち事件を題材に南北朝から室町時代に成立した『曽我物語』はもう少し詳しい。「三原の狩倉（狩場）などを見るため三が日は御逗留あり」として、鹿狩の様子やいくつか現地の地名が出てくるが、草津への言及はない。カレル一世のように頼朝一行も獲物を追って、深い森が続く山の上の草津方面まで馬を駆けさせたのだろうか。

こうした空白の日々を埋めるかたちで後にさまざまな伝承、由来記が生じた。草津町発行の観光用の草津温泉年表では、「一一九三(建久四)年、頼朝、三原野に狩に来る。草津温泉を発見し、案内した細野御殿乃助《みどののすけ》に湯本の姓を与えたという」と、伝承を受け容れている。これにもとづき、草津の湯畑広場の一角に白旗源泉(御座の湯)が自然湧出しているミニ湯畑があり、源泉名は伝承の源氏の白旗にちなんだ。そこに石祠の頼朝宮を奉っている。もっとも、同じ草津町刊行『草津温泉誌』では、「中世関係伝説の歴史的検討」の一節を立てて、詳細に頼朝発見伝説が江戸時代に成立する過程や問題点をきっちり考察している。

伝承は、江戸時代に光泉寺がまとめた草津温泉縁起を木版で頒布した『温泉奇効記』がもとのようだ。ただし、湯本氏の話は出てこない。湯本氏は信濃国出身で戦国時代には草津に土着し、武田信玄から当地の支配を認められた。江戸時代に湯本氏の力が強くなると、権威を固めるため、頼朝にあやかった草津温泉由来兼湯本氏由来の別バージョンをその後流布させたと思われる。

こうして奥州から東国にわたる度重なる戦で勝ち取ってきた源氏の勢力圏と権威は、頼朝が幕府をたてて頂点に達する。東国の温泉地はこぞって威光にすがるようになった。だが、温泉とは本来、日の当たる権力者よりは栄華から転げ落ちた者、人生が暗転し、逃れる人に寄り添うことによってむしろ存在意義を持つ。次章ではそうした側面にも光を当てたい。

注および参考文献

（1）温泉発見伝説が生まれる動機、根拠や類型化について、石川理夫『温泉で、なぜ人は気持ちよくなるのか』（講談社プラスα新書、二〇〇二年）や同『心とからだを癒す四国遍路と温泉の旅』（宝島社新書、二〇〇二年）などで言及している。
（2）山口貞夫「温泉発見の伝説」（『旅と伝説』第一〇号（一二）、一九三七年）による。
（3）『弘法大師全集』巻第十収録、『性霊集』巻九より。
（4）工藤雅樹『古代蝦夷』（吉川弘文館刊、二〇〇〇年）による。
（5）『石川町史』上巻（石川町教育委員会、一九六七年）によると、『和名類従抄』の郷名に「石河」があり、南北朝時代の文書に「石川庄（荘）」「石川郡」と見えるという。
（6）尭恵『北国紀行』（国文学研究資料館の電子資料、佐賀県・祐徳稲荷神社「中川文庫」より）にもとづく。なお、従来の中世日記紀行集に収められた活字による『北国紀行』では、「久草津」の「久」をひらがなの「て」と読み誤り、本文に引用した箇所を「栈路を伝ひて草津の……」と現在風に表記したため、草津の読み方を誤らせる基となった。
（7）柴屋軒宋長『宗祇終焉記』（早稲田大学古典籍総合データベース）による。
（8）草津町『草津温泉誌』第一巻（一九七六年）、四六六～四七一頁、『信濃史料』所収の「西厳寺由緒書」「西厳寺起立之事」にもとづく。
（9）前出（8）一一三～一二四頁、川合勇太郎『草津温泉史話』（太平出版、一九六六年）などによる。

第五章　避難行と戦国実利の先に温泉

源義経の逃避行と温泉での休息

源氏の棟梁、頼朝の権力への道は兄弟の献身、犠牲の上にふみ固められた。平家追討に功あった義経の逃避行と死は象徴と言える。

頼朝の長兄、悪源太義平は平治の乱で平家に捕らわれて斬られ、次兄朝長も死に、父義朝によって早くから源氏の惣領と見込まれた頼朝は残る六人の弟を従える身となった。その中で頼朝が異母末弟義経と感涙にむせぶ初対面をしたのは、『吾妻鏡』によれば頼朝が攻勢に転じた富士川合戦の翌日、一一八〇（治承四）年十月二十一日とされる。それからわずか五年。一一八五（文治元）年三月に壇ノ浦合戦で平家本流が滅ぶと、うるわしい兄弟愛はまぼろしと化し、頼朝にとって義経は警戒対象以外の何者でもなくなった。

同年十月、頼朝が命じて義経の居所襲撃事件が起きた。義経は後白河法皇から頼朝追討の院宣を得たが、頼朝の想定の範囲内だったろう。頼朝の通達と周到な包囲網により軍勢は集まらず、十一月に逆に追捕宣旨を出された義経は京都から脱出を余儀なくされた。

義経はまず西国をめざすが、頼朝側にはばまれ、吉野の山などに潜伏。この間に愛妾静御前は捕らわれて鎌倉に護送され、生まれた男子は直ちに殺された。義経に従う者は少なくなり、畿内も西国も逃れる所はない。結局、かつて義経を庇護した奥州平泉の藤原秀衡《ひでひら》を庇護者として頼るほかなかったのも、頼朝にとって残る最大の敵、奥州藤原氏攻略の大義名分を得る計画の内だったと思われる。

こうして義経の本格的な逃避行は翌一一八六（文治二）年二月に始まったという。同じ苦難の旅でも、鞍馬寺を出奔して奥州平泉をめざした十六歳の牛若（沙那王）の時代、また頼朝挙兵の知らせを聞いて平泉からはせ参じようとしたときとは状況がまったく違っていた。

鎌倉時代前期に成立した軍記物語の『平治物語』によると、平泉を出て頼朝陣営をめざしたとき、関東への関所、白河関はふさがれていたが、屋島の合戦で名を挙げた那須与一が必勝祈願した温泉神社がある「那須の湯（那須湯本温泉）詣で」を旅の目的と告げると、通行を許された。湯治は文句なしの通行手形だった。その結果、九郎冠者義経は源平合戦という歴史の表舞台に躍り出た。しかしこのたびは、わが身を守る避難所《アジール》をめざす艱難辛苦の旅「北国落ち」と相成ったのである。

武蔵坊弁慶はじめ付き従う家来はわずか十六人。それまでも静御前や十名余の女房を引き連れて困難に陥ったのに、色男の義経は最後の逃避行にも女性を同伴しようとして、弁慶らを驚かせた。南北朝から室町時代にかけて成立した物語『義経記』によると、義経は「なお都に思い残すことがある。寵愛する女性はたくさんいるが、中でも一条今出川近くに居る人(正妻の北の方)は同行させてほしいとかねがね言っていた。知らさず都を離れたら、深く恨むだろうから連れて行きたい」(筆者意訳)と言う。

そこで疑われないように北の方の長く豊かな髪をばっさり切って稚児に仕立て、ほかは熊野の山伏姿に身をやつす。そして目立つ東海道ではなく北陸道を選んで、山岳修験の一大霊場・羽黒山のある出羽国(山形県)経由で奥州平泉をめざすことになった。

弁慶の当初の計画は、北陸道で越前国敦賀に至り、そこから一気に日本海を船で出羽国まで行くというものだった。実際はそううまく運ばなかったようで、数々の危機的場面をくぐりぬける羽目となる。

北陸道には前に紹介した加賀国の山中温泉を除けば、中世に旅人や僧も立ち寄れた温泉地はない。それにもともと海路となれば、避難先の奥州まで温泉にからむ機会はない。『義経記』をはじめどのように物語化されようと、とにかく義経が京の都を逃れて奥州平泉へ向かい、藤原氏にかくまわれた後現地で殺されたという最初と最後は記録に残る。そこから避難行の途中経路を考えると、義経が出会えた可能性を持つ温泉は出羽国内か、東北山脈を越えて平泉に向かう途中にあった鳴子温泉郷(現・宮城県大崎市)しかあり得なかった。そして『義経記』はこの限られた選択肢に忠実に、義経逃避行の先に温泉と出会う兆しを物語っていく。

　後者の鳴子温泉郷について言えば、第二章の温泉神社と祭神で紹介したように、延喜式内社の温泉神社が二つあり、平安時代すでに温泉地として知られていた。八三七(承和四)年四月十六日、温泉石神《ゆいしのかみ》の怒りか山が雷のごとく鳴動して谷をふさぎ、新しく沼(今も噴気上る潟沼)をつくり、「その色、漿《しょう》の如し」(1)と重湯のような白く濃い温泉が流れ出た、と八六九(貞観十一)年に成立した『続日本後紀《しょくにほんこうき》』が陸奥国からの報告として記録している。まさしく現在も鳴子温泉の伝統的共同湯「滝之湯」に満ちあふれる酸性―硫化水素泉の源泉の色や液状をよく表している。

　ということは逆に、鳴子温泉郷は奥州藤原氏の勢力圏下にあったとしても、すでに朝廷や鎌倉殿にも知られた温泉場であり、逃避行中の義経一行がゆっくり休むわけにはいかない温泉地と言えた。『義経記』によると、弁慶の機転で検問厳しい鼠(念珠)ヶ関《ねずがせき》の関所を通過して出羽国に入った義経一行は、羽黒山に参詣した後、最上川支流から本流へと舟で下った。東北山脈から注ぐ小国川と最上川の合流地点あたり、「あい河の津」で舟を下り、小国川上流へさかのぼって行く。このあたりなら標高も高くなく、谷伝いに東北山脈を越えやすい。ちょうど約五百年後に『奥の細道』紀行で芭蕉がたどった逆ルートで、江合《えあい》川上流から鳴子温泉郷方面へ進もうとした。平泉へ向かうには最も合理的な経路である。

　そして小国川の右岸、現・山形県新庄市と最上郡最上町の境に位置する修験道の山、亀割山にさしかかったとき、臨月近かった北の方が産気づく。一行は麓の人里を避け、修験者が利用していた山の峠越えの道を進んでいた。ここを御産所と決めた弁慶は必死で谷を下って山河の流れる音を聞きつけ、水を取って戻ると、息絶え絶えの北の方を蘇生させ、無事男子(亀鶴御前)が生まれた。『義経記』は亀割山での出来事に多くを割いている。現場描写の正確さは物語の普及に貢献した熊野の修験者が亀割山一帯を熟知していた証左だろう。続けて、「其の日はせひの内といふ所にて、一両日御身いたはり、明くれば馬を尋ねて乗せ奉り、其の日は栗原寺(宮城県栗原郡栗駒町にあった大寺院)に着き給ふ[2]」と記す。

瀬見温泉の義経大橋

「せひの内といふ所」に温泉への言及はないが、物語を伝えた人々が亀割山東麓、小国川河畔におそらくその頃から湧いていたのを知っていた瀬見《せみ》温泉(現・最上町)である可能性は高い。

瀬見温泉は、六十七度の含石膏―弱食塩泉が河畔の岩間からこんこんと湧く川床天然湯壺「薬研の湯」や、さらに高温の温泉蒸気噴出口の上に板孔を開け、湯治客が横たわって痔疾や婦人病の患部を当てて温泉療養する部分蒸気浴と呼ばれる「蒸かし湯」も健在である。そうした温泉の自然な力、持続力が備わっており、瀬見温泉は歴史の厚みを実感させる。そうであれば、産後の北の方と乳飲み子をいたわって清らかな水と湯を共に得られる河畔の無名の温泉場、瀬見温泉こそ一行の休息にふさわしい場所であった。

いま瀬見温泉の湯前神社前に源泉を引湯した足湯と「産湯」が設けられ、小国川にかかる橋の欄干には義経像が建つ。観光用ではあるが、余儀なくされた逃避行でしばし温泉で癒されたかもしれない一行を想像しながら、瀬見の人々が義経をいとおしく感じている様が見てとれる。

逃避行は終わった。藤原秀衡は迎えをよこして一行を厚く歓待した。義経の御所が衣川に造られ、酒宴と遊興を尽くした日々を過ごす。辛かった道中、北の方の難儀などを思い出しては、今はみなで笑いさざめき合えた。しかし、ほどなく一一八七(文治三)年十月に秀衡死去。「義経を主君として従うように」という秀衡の遺言を嫡子泰衡は二年もしないうちに裏切り、義経主従を衣川に攻め殺す。待ってましたとばかり、頼朝は泰衡一族を滅ぼした。

義経の奥州におけるアジールはわずか三年でついえた。それでも長い逃避行の中で妻子の生命を救い、つかのまの平安をもたらした温泉アジールを義経はその生涯と物語のはざまに生み出し得たのだった。

山峡に湧く温泉と平家落人伝承

義経が主導した一ノ谷、屋島、壇ノ浦の合戦で敗れた平氏。続いて残党狩りが始まった。平清盛の孫にあたる平維盛の子・六代御前までも、出家していたのに捕らえられて斬られた。清盛の父・平忠盛昇殿に始まる平氏の栄華は、源氏側に付いた平氏を除き、忠盛の血筋や清盛らの縁戚まで捕らえられ、斬刑や流罪に処されることで終止符を打つ。『平家物語』巻第十二が「平家の子孫は永く絶えにけれ」と記して筆をおいたのはそういうことであった。

滅ぼした側と滅ぼされた側で同時進行する逃避行。とくに手配された平氏の一族、あるいは平氏政権に加担していた一族は全国に逃散したらしく、そこから平家落人《おちうど》の話が伝わるようになった。伝承はいかにも近代の観光的所産というわけではない。早くからあったと考えられる。

例として、江戸時代後期文政年間(一八一八〜二九)に鈴木牧之《ぼくし》(一七七〇〜一八四二)が著した『秋山記行』を挙げたい。

鈴木牧之は越後の文人。『北越雪譜《ほくえつせっぷ》』の著者として知られる。『秋山記行』は新潟県と長野県にまたがる雪深い秘境・秋山郷の探訪記で、親交を結んだ十返舎一九の要望により鈴木牧之が一八二八(文政十一)年に訪れて書いた。探訪の大きな動機となったのは、秋山郷に残る平家落人の影。そして中津川が刻む渓谷に屋敷、和山《わやま》、切明《きりあけ》温泉などと連なる、江戸時代人にとっても興味深かった秘湯の存在である。

「ことさら小赤澤、此の上の原・和山・屋敷の村々はとりわけ平家の後胤と聞くからは……」「この家の老人にこの村の往昔を問うに、平家の落人の栖《すみか》となす(3)……」

鈴木牧之はこう記す。これぞ十返舎一九が出版を期待した格好のネタだったのではないか。幽山渓谷の秘境にはまれな、平家の血を引く気品ある都の女性の面影を鈴木牧之は追い求める。和山温

秋山郷・切明温泉の川原を掘った野天風呂

泉集落の粗末な草屋で出会った「三十（歳）ばかりの婦人は（身なりはみすぼらしかったが）、その容姿すぐれ、鼻程よく高く、目細く、蛾に似たる黛《まゆずみ》、顔はいささか日焼けしているといっても、お歯黒をつけない歯は雪よりも白く、若い人なら一目で春心を動かす風情。泥の中の蓮のごとく、雨にほころぶ芍薬《しゃくやく》に似たり」と筆をふるっている。春心とまではいかなくても、作家心を大いに動かされたようだ。

「秋山の　美人は蓼《たで》の　さとう漬　甘いやうでも　いが辛へなり」

そして二つめの動機が、平家落人の郷に湧く温泉である。増えていく温泉紀行文の内容から、日本で初めていわゆる秘湯ブームが起きたのは江戸中期と筆者は考えているが、江戸後期の鈴木牧之もこうした温泉志向に従い、土地の者に所在をたずね、やぶをかきわけて秋山郷の秘湯を探求した。今でも川原を手掘りすると約五十五度の高温泉が湧いてきて即席露天風呂ができる、最奥の切明温泉とおぼしきいで湯では、「實に無人の佳興に入りて命の洗濯する心持なり」と、深い谷間といで湯を照らす秋の月をながめながらゆったり長湯したのだった。

「月影を　夜すがら友に　出湯かな」

この心境はおそらく秋山郷にも逃げ込んだと想像される平家落人にも通底するものだったのではないだろうか。追っ手を逃れる落人がたどりつく先は、山また山を分け入った山峡。深く地表をえぐる峡谷は、温泉が地表に自然湧出しやすい。落人も山峡のいで湯にしばし癒され、政治的避難民として息を潜めて暮らす中にわずかながら希望を見いだし得たと思いたい。

平家落人の里と伝わる地は全国に多い。述べたようにだいたい山峡に位置し、温泉に恵まれている所が少なくない。その場合も二種類あり、後の掘削開発によって温泉地となった所がひとつ。もうひとつは、近年まで高温の源泉が自然湧出しているか、現在もそうである所で、こちらは落人が住むようになった当時から温泉に恵まれていた可能性は高い。

後に温泉地となったほうから先に紹介すると、尾瀬の会津側玄関口となる福島県檜枝岐《ひのえまた》村の檜枝岐温泉、合掌造り民家が建ち並ぶ飛騨白川郷に近い岐阜県平瀬温泉、四国の剣山系に吉野川が深い谷を刻む徳島県祖谷《いや》渓の祖谷温泉が代表的だ。

標高一四〇〇メートルの高地の秘境、檜枝岐に温泉はなかった。一九七三(昭和四十八)年に村が掘削開発し、豊富な湯量で各戸に温泉が行き渡り、観光温泉地に生まれ変わった。村に多い平野姓は平家の後裔という。約八百年後に子孫が温かく豊かに暮らせるようになったのを知ったら、さぞかし安堵することだろう。

平瀬温泉は白山麓の大白川温泉から引湯して、やはり戦後に誕生した。高温の含食塩―硫黄泉である。この地域は源（木曾）義仲が平氏の軍勢を破った倶利伽羅峠の合戦場に近く、富山県から岐阜県の山峡にかけて落人伝承が伝えられている。一方、四国は屋島の合戦の舞台で、落武者や落人が逃れるのに祖谷渓は絶好の条件かもしれない。

一般に四国は愛媛県松山市の道後温泉周辺以外、高温泉に恵まれず、温泉過疎地域とみなされる。ただ、白濁して湯の香漂う冷泉の硫化水素泉なら古くから各地に存在していた。八十八カ所札所にも冷泉の所在を示す山号がいくつか見られる。徳島県の第六番札所温泉山安楽寺、第二十二番札所白水山平等寺、第二十三番札所医王山薬王寺がそうである。その中で祖谷渓の祖谷温泉は、目もくらむほど深い谷底に四国では貴重な四十度前後の源泉が豊富な湯量で湧き出るようになった。

一軒宿の専用ケーブルカーで一五〇メートルほど下った谷で、源泉あふれる露天岩風呂を楽しめる趣は格別だ。露天から見上げるV字形にえぐられた空と、かずらで編んだ吊り橋。よくぞこんな深い谷に住み着いたことかと、落人の心を思い計るばかりだ。

一方、落人あるいはその子孫が温泉と出会えた可能性が高いのは、先の秋山郷に加えて、鬼怒川源流域にあたる栃木県旧栗山村（現・日光市）の湯西川温泉と川俣温泉。九州では熊本県水俣市の山峡に湧く湯の鶴温泉などが挙げられる。

深い谷ばかりの旧栗山村は平家落人伝承が多い。川俣温泉は天然間欠泉が噴出する温泉湧出地帯で、ここなら追っ手に見つかりやすい煙を出さずに煮炊きができただろう。

湯西川温泉も高温泉が自然湧出していて、天正年間（一五七三〜九一）頃にはすでに開かれていたという。茅葺き家を保ち、全国的に見て《平家落人の里》を最もよく観光アピールしている温泉地ではないか。まだあまり知られていない頃に訪れたとき、湯の里のたたずまいを何とも懐かしく感じた。茅葺き家の軒先にいた老ネコの顔まで今風ではなく切れ長の目に下ぶくれ。王朝時代の女房然としていたので、可笑しく思って写真に収めたことがある。

茅葺き家を保つ湯西川温泉

平家落人伝承は当然にも平氏の勢力圏だった西国、九州に多い。壇ノ浦の合戦後、九州各地に逃れた者もいたことだろう。九州山脈の尾根をはさむ宮崎県椎葉村、熊本県側の五木《いつき》村の奥、五家荘《ごかのしょう》はなかでも有名だ。あまり知られていないのが熊本県水俣市湯の鶴温泉で、八代《やつしろ》海・不知火《しらぬい》海とは反対の山側にあり、平家落人に発見されたと伝えられている。

湯の鶴温泉は湯出《ゆで》川が刻む小さな谷間をはさみ、道路と対岸に数軒建ち並ぶ木造旅館を結んでそれぞれ専用の可愛い橋が架かる。この川から五十五度前後の高温の硫黄泉が古くから湧いていた。川の中には温泉が所々湧き上ってきて温かい所があり、小さい頃水遊びと湯浴みを一緒に楽しんだ、と地元の人から聞いたことがある。

もし平家の落人が一族の女性、女官らを伴っていたとしたら、彼女たちも長く豊かな黒髪をしばし湯出川の湯でぬらし、沐浴できたことだろう。温泉には逃避行の労苦や転変とする時空を一瞬超えて洗い流す、魂の浄化作用も備わっているのではないかと思う。

上杉氏と武田氏攻防のはざまの温泉地

逃避行の先には温泉があった。その温泉を別のまなざしで注視していたのが戦国武将である。

一六世紀半ばの戦国時代、甲州を拠点とする武田信玄(晴信)と越後を拠点とする上杉謙信(長尾景虎)が激しく覇権を争っていた。信州北東部の北信地方では、千曲川(越後では信濃川)と犀川が合流する要衝の善光寺平をはさみ、世にいう川中島の合戦を一五五三(天文二十二)年から数次、十二年間にわたって繰り広げた。一方、越後からは雪のない時期に三国峠越えで進軍でき、武田側からはすでに支配下に置いていた信州佐久地方から侵入できる北関東の上野《こうずけ》国(群馬県)でも両者は攻防を繰り広げた。

その両地方に中世から湯治場として知られた温泉地がある。北信地方の野沢温泉、上野地方の草津温泉だ。二つの温泉場への両雄のかかわり方をとおして、戦国大名にとっての温泉の存在意義、価値というものを考えてみたい。

野沢温泉は北信地方で最も越後に近い温泉地である。上杉氏の本拠・春日山城から直線距離にしてわずか三十キロ。北信地方は元来越後との人的物的交流が緊密で、上越地方と飯山・野沢方面を結ぶ要路の関田峠に江戸時代置かれた関所の記録からも、野沢温泉へは越後から湯治目的の往来が盛んだったことがわかる。野沢温泉は鎌倉時代すでに「湯山」の名で文書に登場し、標高一六五〇メートルの毛無山の麓、千曲川流域を見下ろす開けた傾斜地に横たわる温泉集落である。すなわちこの時代から湯治場として開かれていたことになる。(4)

中世以来の惣村的自治の伝統を保つ村民の自治組織「野沢組」とその財団法人「野沢会」が温泉資源の大半や水源地、その涵養林となる山林、十三カ所に及ぶ共同湯を今日でも管理していて、一般にすべて無料開放しており、外湯巡りが外国人観光客を含めて人気を集めている。また、懐かしい唱歌「故郷《ふるさと》」や「春の小川」の作詞で知られる国文学者の高野辰之博士が「おぼろ月夜」を作詞したのは、特産野沢菜の菜の花畑が広がる野沢温泉周辺の情景に想を得たとされ、野沢温泉で晩年を過ごしている。

さて、上杉謙信は北信地方の村上氏や高梨氏ら有力信濃国人衆《こくじん》と結び、同地方を影響下に置いていた。そこへ信玄が切り崩しに入り、一部の国人と結びつつ謙信の軍勢と対峙するようになる。地元の名門・市河氏もその一人。市河氏の子孫が所蔵する平安末期から戦国末期にかけての『市河文書』には、信玄の側近山本勘助の実在を証明した、信玄から市河藤若に宛てた書状が含まれる。その一五五七(弘治三)年六月二十三日付書状には、「景虎(謙信)が野澤之湯近くに陣を進めるようだから、(市河氏方が)野澤在陣のときには……湯本より私のほうへ様子を知らせるように頼みたい……」(筆者意訳)と書かれている。野沢温泉はあくまで敵方の動きを探る偵察スポット扱いで、湯

江戸時代の野沢温泉（1849〔嘉永2〕年「野澤村温泉全図」より）

治場としてのありようを脅かすことはしない。

一方、野沢温泉へ近づきつつある、と報告された謙信のほうはどうか。戦国武将らは戦いを前に神仏に戦勝祈願の願文をよく捧げたが、謙信も野沢温泉の南にあって中世には山岳修験道の一大霊場として崇敬篤かった小菅山元隆寺（現・小菅神社）に同年五月十日付で戦勝祈願文を奉納していた。それには「北に温泉有り、山岳これ隔て、群迷を平日に洗う（大勢の入浴者で日々にぎわっている）……」と、何やら野沢温泉については他人事のように悠然と構えている。野沢温泉近くの寺で祈願をし、たとえ敵方に通じた国人の影響下にあっても湯治場は湯治場。野沢温泉集落へ攻め入って敵方を蹴散らそうなどという姿勢はうかがえない。

こうして十二年間にわたる北信地方をめぐる謙信と信玄の激しい攻防の最中でも終わってからも、相変わらず野沢温泉は入浴者でにぎわっていた。まさに近世ヨーロッパの三十年戦争時の湯治場同様に、平和な避難所（温泉アジール）の面目躍如である。これは両雄が庶民も武将も利用する湯治場に寛容だったというばかりでなく、いざというときの湯治場の存在意義、利用価値を認めていたからにほかならない。そのことは次の草津温泉をめぐって明らかになる。

信玄は北関東の上野国方面でも謙信を悩ませ、勢力圏を拡大した。これに貢献したのは真田氏である。真田氏の本拠は信州上田周辺。信州の国人・豪族中でも真田幸隆は早くから武田側に付き、信玄の東信地方攻略ばかりか上野国攻略でも活躍した。その奮戦ぶりは後に関ヶ原の戦い時に徳川秀忠の進軍を阻止し、大阪冬・夏の陣では徳川陣営を脅かした孫の真田幸村に受け継がれた。信玄は草津や四万温泉など温泉の宝庫、吾妻郡をおさえ、現・東吾妻町《ひがしあがつままち》にある岩櫃城《いわびつじょう》を武田方の拠点にすえて、真田幸隆を吾妻郡代として支配させた。

なお、これが徳川の世になっても真田氏が沼田城を居城に西上野地方の領地をしばらく保つ基となる。草津温泉も統治下にあり、家臣で草津に土着した湯本氏を草津地頭にして温泉場を仕切らせた。しかし《江戸の平和》の時代になってからの沼田藩主真田家の統治は過酷で、藩主の無駄使いのつけを民に押しつけ、民の結婚や出産にも税を課し、滞納すると女房・娘まで水牢に入れるありさま。百姓の決死の訴えから幕府は一六八一(天和元)年に沼田真田家の断絶を命じ、草津温泉も幕府直轄地となる。一方、地元の湯本氏も、それ以前の一六六五(寛文五)年に藩主真田家からお家断絶を申し渡されている。

信玄が謙信の反撃をはね返して、西上野地方を勢力圏に置いていた時期、一五六七(永禄十)年二月に草津温泉に関して興味深い禁制を地侍衆に告げている。

「六月一日より九月一日までは何びとも草津湯治をしてはならない」(5)(筆者意訳)

要するに三カ月間、草津から入浴者を閉め出したのだ。理由は何か。草津温泉をまるごと貸し切って自分たちの用途、すなわち来るべき合戦に備え、戦傷者の傷の手当て、リハビリのために温泉場を確保しておこうという意図があったではないだろうか。

このとき北信地方の帰趨を制する五回に及ぶ川中島の合戦は三年前に終わり、信州での直接対決はなくなっていたが、西上野でも謙信の巻き返しは難しく、信玄側が敵城をどんどん攻め落としていた。戦場からいわばピストン輸送できる草津の地に巨大な野戦温泉病院を想定していたと考えられるのだった。

もう一つ、草津温泉では、湯畑で硫黄を析出させて今も定期的に採取しているが、草津や後背地の白根火山は硫黄の産地で、貴重な黒色火薬原料にもなった。一五六四(永禄七)年には湯本氏が硫黄五箱を信玄に贈った話も伝えられている。

このように戦国期の草津温泉の場合、最終的には上杉氏から武田氏の勢力範囲内に収まったが、どちらの側からも湯治場としての安寧を保証する「安堵状」を与えられていた。(6) 戦乱の時代でも野沢温泉同様に、草津湯治には敵味方の区別はないというわけである。

《信玄の隠し湯》も支えた戦国統治

山梨県と長野県、さらには山梨県境に近い静岡県、神奈川県にかけて《信玄の隠し湯》を名乗る温泉地が多い。これは著名な戦国大名にあやかった宣伝とばかりは言えない。分布は信玄最盛期の版図にきちんと収まり、それぞれ歴史もある。たとえばどんな温泉地があるだろうか。

本拠の甲州では下部《しもべ》、増富《ますとみ》ラジウム、川浦、積翠寺《せきすいじ》、要害温泉など。甲州の古湯は冷泉や微温湯が多い。その中で、日本初の本格的な全国温泉分析統計で明治以前からの本来の自然湧出泉を分析、記録にとどめている一八八六(明治十九)年刊の内務省衛生局編『日本鉱泉誌』でも泉温が「華氏百二十度」、すなわち摂氏四十九度と最も高い湯村温泉(現・甲府市)に至っては、隠し湯どころか「湯(ノ)島」の地名で当時から堂々たる湯治場であった。これらの温泉地はみな武田氏や信玄とゆかりがありそうである。

まず湯村温泉について。一五四八(天文十七)年に武田軍が村上氏と上田周辺で激突して敗れたとき、有力武将らが討ち死にし、信玄も負傷した。武田氏の軍学書として天正年間には成立していたとされる『甲陽軍艦』は、同年に負傷した信玄が湯村温泉で湯治をしたと記す。後の一五八一(天正九)年三月には武田勝頼も湯治している。武田氏滅亡一年前のことだ。その頃の泉源湯壷は鷲発見伝説から「鷲の湯」と呼ばれていたようで、[7] 源泉は最近まで共同浴場「鷲温泉」で利用されていた。

下部温泉は岩盤底裂け目から自然湧出する三十〜三十二度の微温湯の単純温泉が本来の源泉で、傷に効く湯として知られる。当時は武田氏親族の穴山氏が金山と下部温泉の一帯を統治し、周辺に最盛時三十七カ所の金採掘場所があったという。現在わずかに残る岩盤自然湧出泉源を持つ宿の一つ、「古湯坊源泉館」には信玄の父・信虎と信玄(晴信)自身から授かった入浴場開設の免状が花押付で保存されている。守り神の熊野神社も穴山氏によって温泉場裏手に再建され、中世以来の湯治場だったことがわかる。武田軍の戦略的な温泉リハビリテーションセンターの一つだったと思われる。近年は、スポーツ選手の湯治も多かった。

薬理効果が高いラドン含有量の多い自然湧出放射能泉の増富ラジウム温泉は、信州佐久地方へ抜ける峠道の奥にたたずみ、周辺の金山発掘の際に発見されたらしい。信州方面での合戦の際、武田軍が傷病兵を湯治させたと伝えられる。今も湯治場として機能しており、天然岩盤湧出湯壷を保つ。

また、笛吹川渓谷に湧く川浦温泉も先の『日本鉱泉誌』で「華氏百十三度」、摂氏四五度と貴重な自然湧出の高温泉だった。というのは、冷泉やぬる湯であれば、寒い時期には「火温を加えて浴用に供す」(8)るが、その労力や資材が省けたからだ。一軒宿の祖先は武田二十四将に挙げられる山県氏で、一五六一(永禄四)年に信玄の命で湯治場として開発されたと伝える。

《信玄の隠し湯》は甲斐国内にとどまらない。信玄のもとで武田氏が大半を領国化した信州の代表的な古湯、湯田中渋温泉郷の渋温泉には足跡が明確に残されている。

渋温泉の泉源地には平安時代に密教系山岳霊場として創建されたと考えられる温泉寺が建つ。渋温泉形成の核となってきた温泉寺は中世に荒廃していたところ、当地を治めていた高梨氏が信玄に追われて上杉謙信のもとへ逃れた後の一五五四(天文二十三)年、武田信玄が再興した。財団法人和合会が編纂した『和合会の歴史　社会史編』中に「一五五六(弘治二)年、信玄の命で温泉寺を整備し、浴槽を造る(9)」とある。温泉寺は信玄の崇敬篤く、信玄は高名な曹洞宗の禅僧・節香徳忠を中興開山の祖として迎え、一五六四（永禄七）年には寺領を寄進している。

この資料を編纂した和合会は、中世に発して江戸期の村落共同体、沓野《くつの》村以来の「惣有」の伝統を継承し、渋温泉の泉源と共同湯を共同管理している地域自治組織で、明治時代になって近代的私有制度の流れに対応して財団法人化した。和合会は湯田中渋温泉郷の中でも渋、沓野、角間温泉の近世以降の資料を編纂している。

信州ではこの渋温泉や上田市の大塩温泉が、川中島合戦で傷ついた武田勢将兵を癒したと伝わるが、渋温泉は湯村温泉同様に隠し湯レベルを超えた公然たる温泉地である。戦国大名は温泉を戦略的に活用したと述べたが、同時に常在戦場の彼らは神仏の加護を得たい気持が強く、謙信を含めて社寺に祈願し、敬った。温泉寺となればなおさらのことであったろう。

「信玄の隠し湯」の一つ、増富ラジウム温泉（山梨県）

一方、甲州から駿河国へ峠を越えた海抜一〇〇〇メートル近い峠道に沿った梅ヶ島温泉（現・静岡市）も、戦国時代に徳川家康の軍勢を退けた信玄が近くの金山を支配し、隠し湯の一つにしたという。身延山系の山岳修験者が平安時代に開湯したとも伝わる、歴史の古い温泉場である。その証左に、梅ヶ島温泉でも今なお天然洞窟に三十五度前後の「黄金の湯」と称される硫黄泉が豊かな湯だまりをなし、湧き出ている。

また、甲州から相模国へ入った丹沢の中川ほとりにある中川温泉（現・神奈川県山北町）も《信玄の隠し湯》と伝えられている。泉温が三十五度前後の微温湯のアルカリ性単純温泉である。残念ながら古い記録は見あたらない。

隠し湯と呼ばれるこうした温泉に名を冠されてきた信玄には、もともと強い温泉との縁があった。武田氏の重臣・駒井髙白斎が遺した日記『髙白斎記』によると、信玄の父・信虎は本拠の石和を離れて一五一九（永正十六）年、現在武田神社となっている躑躅《つつじ》ヶ崎に館を移し、甲府とした。勝頼まで武田三代の居館である。館は南方に開けた甲府盆地を見下ろし、後背地の北は谷になって山に囲まれ、古刹・積翠寺がある。二年後に合戦の最中、ここで信虎夫人が信玄を生んだ。境内に産湯の井戸がある。信虎は積翠寺東側の山に詰めの城となる要害城を築き、館の西側の湯村温泉の背後の山には湯村山城を築くなど、守りは堅固だった。

湯村山城は甲府の西側の眺望に優れ、本拠地の躑躅ヶ崎館からも見通しがよく、防衛拠点としてだけでなく、敵軍が接近したときに烽火《のろし》を揚げて知らせる烽火台の機能もあった、と江戸後期成立の郷土誌『甲斐国志』はみている。西の湯村温泉に加えて、躑躅ヶ崎館の安全を背後から守る要害山城の麓、積翠寺の地にも冷鉱泉の源泉が以前から湧いていて、修行僧らに利用されていたらしい。

先の『日本鉱泉誌』には要害鉱泉が、弱酸性で微量の鉄分、硫酸イオンを多く含むと記されている。日露戦争時に傷病兵治療に新泉源を掘ったようで、修行僧の宿坊が始まりという積翠寺温泉古湯坊と、要害山城に近い要害温泉の二つの湯宿が明治以来この地にある。どちらも金気があり、《信玄の隠し湯》を共に名乗る。なかでも歴史の古い古湯坊の弱酸性で緑礬(硫酸鉄)を含む収斂性のある鉱泉は特色があり、療養効果も期待されただろうから、本拠の館の地に湧いていた温泉を利用しなかったはずはない。産湯とされる井戸水の分析は不明だが、信玄は誕生した時からいざというときに自らや自陣営を守る鉱泉、温泉に恵まれて成長したことになる。

誰々の隠し湯といった伝説的雰囲気が漂う戦国大名と温泉(地)の関係。実際には、隠し湯というほど秘密めいたものではなく、領国や勢力圏下の温泉(地)を戦略的に確保し、利用目的を位置づけ直した、統治上公然のシステムであったと考えられる。

しかも温泉が湧く土地には金山や鉱山、鉱産物も存在し、あるいは強食塩泉の湧出地では貴重な岩塩が採出できる。また、そうした目的で周辺を探査しているうちに鉱泉、温泉が見つかった事例も少なくないだろう。このように戦国時代、温泉地に対してさまざまな実利、戦略的な利用価値を見いだし得たのである。

一般化していたか「留湯」の利用策

世に最も知られた《信玄の隠し湯》をとおして戦国大名の温泉へのまなざし、ねらいを見た。戦略的価値がある以上、ほかの戦国大名も領国内にそれにふさわしい温泉があれば利用したことは容易に想像できる。

越後の上杉謙信の場合、居城の春日山城（現・上越市）に近くて歴史ある温泉といえば、松之山温泉である。しかし松之山温泉と謙信（長尾景虎）の間には負の縁があった。

謙信の父で越後守護代だった長尾為景が、守護である主の上杉房能《ふさよし》を下克上で排斥し、落ちのびた先の松之山温泉はずれの天水越《あまみずこし》で自刃させたのだ。それ以前に上杉房能は娘の病を治すため、濃い強食塩泉の療養効果が知られていた松之山温泉で湯治させたことがあり、なじみのあった土地方面から領国外へ逃れようとしたが、松之山で観念したと思われる。

《謙信の隠し湯》といわれる温泉も少なくない。越後では妙高の燕、関温泉、上野鉱泉。信州では仙仁《せに》温泉（現・須坂市）、上野国では猿ヶ京温泉（現・みなかみ町）など。越中富山海岸の生地《いくじ》温泉（現・富山県黒部市）も、謙信が病気を治したと伝わるが、これは隠し湯というよりは武将発見伝説の類だろう。

奥州の伊達氏の場合は藩成立以降、青根温泉（現・宮城県川崎町）が御殿湯となった。伊達騒動の舞台でも知られ、伊達政宗は一六〇六（慶長十一）年に入湯したという。これは数ある入湯記録の一つと思われるが、戦国時代はどうだったか。近年まで共同浴場も兼ねていた「大湯」浴槽は見事な石造りで、一五四六（天文十五）年に蔵王山中の軽石を用いて一つひとつの石を組み合わせ、石工が二年かけて造ったとされる。ということはすでに《伊達氏の隠し湯》として利用されていたのではないだろうか。

戦国大名の中で領国内の温泉地掌握によく努めたのが、小田原を本拠として箱根の山を統治下に置いた(後)北条氏だろう。

箱根の山が古来、東国と東海以西を隔てる要害の地、かつ交通の要衝で、箱根の山をおさえることが周辺の戦国大名にとってもきわめて重要だったことは、第一章で述べたとおりである。箱根は温泉資源に恵まれており、これも戦略的に利用しない手はなかった。

とくに(後)北条氏が氏寺として早雲寺を創建した箱根湯本温泉は、江戸時代に温泉ブランドとなった「箱根七湯」に代表される箱根の温泉地の中でも古代より宿場を兼ねていて、最も早くから開けた玄関口である。湯本温泉は、「北条氏の頃は、氏綱以下早雲寺に参詣の時々、すなわちこの湯へ浴せしと云《いう》、俗に北条氏足洗湯と唱ふるはこの故なり」と、一八四一(天保十二)年に完成した『新編相模国風土記稿』に記されたほど、(後)北条氏の利用は頻繁であった。

(後)北条氏が温泉地を抱える箱根の村に対して、村の大きな収入源でもある湯治場として平穏に機能させるために必要な措置を講じたこともすでに紹介した。あらためて要約すれば、底倉、堂ヶ島の二つ(江戸時代には宮ノ下温泉を加えて三つ)の温泉地を抱えた底倉村に対して、一五四五(天文十四)年と一五八五(天正十三)年にも重ねて、「湯治する近在の地下人《じげにん》(土豪・地侍)らが薪や炭、材木、武器、酒や酒器などを村人に勝手に申し付けることを禁じる」という禁制を与えたのだった。

その反面、たとえば箱根七湯の一つで宮城野村に属した木賀《きが》温泉に関しては、「宮城野留守中は留湯に候といえども……」[10]と、必要ならばいつでも「留湯《とめゆ》」、つまり温泉場全体をすべて貸し切り状態にしておいて、その中で戦時でなければ特別許可を与えた関係者のみは入浴させ、他の入浴者を締め出せる通達を(後)北条氏も出している。

ということは、民に開かれた公然たる湯治場・温泉地も、必要となればいつでも戦国大名の戦争遂行作戦に対応してクローズさせ、誰々の隠し湯的な戦専用温泉リハビリセンターにシフト転換させることができたわけである。

温泉活用を広げた戦国の覇者

以上のことから戦国大名のいわゆる隠し湯の成立条件を考えてみたい。

第一に、領国に温泉地を少なからず抱えていること。温泉資源に乏しい西国の戦国大名は隠し湯を持ちづらかった。

第二に、泉質や成分による温泉の持ち味、効能面でとくに切り傷に効くこと。つまり「傷の湯」と称される温泉が望ましい。

第三に、温泉地が平地や海岸沿い、交通・移動が便利などで訪れやすく、大勢の入浴者に開かれてにぎわっていては、戦国大名による借り上げや利用が公になり、作戦行動を察知される。甲府の湯村温泉や草津温泉、箱根の木賀温泉などがそうだった。この場合は公然と布告を出して留湯にするしかない。したがって山間僻地にあって、独占的に囲い込みできる温泉場であることが望ましい。

第四に、甲州の下部、増富ラジウム温泉のように金山開発など別に戦略的付加価値を伴う温泉場であること。

以上の点からも、甲州や信州の山峡の温泉場を多く支配し、周辺で鉱山開発を進めた武田氏は隠し湯を多く持てたと考えられる。

このようにして戦乱の時代に無事生き残れた戦国大名、さらには天下の覇者となった戦国大名にとって、温泉(地)はどのような意味合いを持つようになったのだろうか。

一つは、財政・収入面でも重要性を認識し、藩体制の中に位置づけ直したことである。

湯治客が多数訪れて滞在し、繁昌する湯治場では結構の湯税を徴収できた。このために藩が温泉地を管理差配する湯守、湯太夫、湯番徒などを任命した所が少なくない。北陸の覇者、前田氏には、当時最もにぎわう山中温泉から毎年湯税を受け取り、領収書を与えていた記録が残る。前田利家の長子で加賀前田藩初代藩主の前田利長が一六〇二(慶長七)年十二月二十日付で湯税(湯銭)を受け取って「山中百姓中」宛に出した領収書の額は計「銀子七百匁」[11]。「山中百姓中」宛とは、山中温泉が惣村以来の温泉地域共同体によって共同管理されてきたことを象徴的に示す。「山中百姓中」の中心は加賀一向一揆以来の名主層、山中村の乙名(オトナ)衆で、「湯本百姓」として惣湯＝共同湯の周りで宿を経営し、温泉管理を担っていた。

また、徴収した湯税は藩の収入の一つに充てること、と明記している。湯税を徴収する代わりに、共同湯の浴舎改修費用などを藩が負担するところが多かったのである。この点は今日の地方自治体首長もその律儀さを見習ったほうがいい。というのは、温泉入浴利用者から徴収して温泉事業者が納める目的税、つまり温泉地が必要とする用途に本来は還元すべき入湯税を一般税とごちゃ混ぜにして、道路やらあれこれの財源に流用している自治体が多いからである。

もう一つの意味合いは、天下人の温泉ふるまいからうかがえよう。太閤秀吉と、最終的に徳川の世を築いた家康を例としたい。

秀吉は生来の温泉好きだったに違いない。戦時には自ら必要にせまられた湯治療養か隠し湯的活用以外、温泉に行けそうにない戦国大名の中で、秀吉には戦時ですら温泉に出かけたという話が多い。一五九〇（天正十八）年、小田原攻めの際も箱根の底倉温泉で自ら湯を楽しみ、将兵にも奨めたらしいことは前に述べた。その後、草津行きも計画した。山中温泉入湯説もある。最も多いのは有馬温泉行の話である。

有馬温泉は古来、都の貴人や文人らが訪れたあこがれの場所であった。戦国大名に名を連ねるようになって天下盗りをもねらう秀吉は、当時大名らに流行した茶器、茶道をはじめ上の者や公卿らの行うことなら何でもやってみたいと考えていた節がある。まして好きな温泉であれば、有馬へはできるだけ早く訪れてみたいと考えていたのではないか。

秀吉が有馬へ行ったという話で時期が早いのは、水戸藩士出身の医師・加藤曳尾庵《えいびあん》が著した『我衣《わがころも》』に「摂州有馬温泉……天正四（一五七六）年太閤秀吉公も入湯ありし也」というのがある。この年は仕える織田信長が安土城に入った年。有馬温泉が大火に見舞われた年でもあるが、いわば《戦閑休暇》時だからまったくあり得ない話ではない。

その後も秀吉関連書籍・年表によっては、柴田勝家を破って信長後の跡目争いに勝ち、大坂城の普請を始める直前の一五八三(天正十一)年八月十七日説や、家康・織田信雄連合軍と尾張で対峙し、戦が膠着状態にあった時期の翌一五八四(天正十二)年八月二日説がある。秀吉は大坂に戻って有馬温泉に出かけたという。この頃秀吉は播磨を平定して姫路城を拠点にしていたから、これもあり得なくはないが、事実としたら何とも余裕、いや温泉好きなふるまいか。

そして天下をとった後。これはもう堂々たる凱旋温泉行である。江戸初期に儒学者小瀬甫庵《おぜほあん》がまとめた『太閤記』は次のように描写している。

「御湯治に付てれきれきの御伽《おとぎ》衆十九人連れられ、御慰の数々云はんかたもなし、御逗留中方々より捧物其数を知らず、有馬中へ鳥目二百貫、湯女《ゆな》共に五十貫くだされ、谷中の賑わいはひと目で……」

秀吉が有馬温泉に築いた湯山御殿の蒸し風呂遺構

まさに大名旅行だ。でも、有馬で行ったことは、伝統ある有馬の湯女たちに金品を下賜する大盤振る舞いだけではない。度重なる火災や地震で有馬温泉は被害を受けていた。そこで地元の要請に応えて、土木工学に長けた秀吉だけに泉源の改修と共同浴場の改築を家臣に命じ、完成させたのだ(12)。こうして秀吉はパトロン以上の存在、有馬温泉の

「第三の復興者」と称えられた。

このように戦時が終わって体制安定期に入ると、温泉(地)は利用一方だけではなく、メンテナンスも考慮しなければならなくなる。そこのところを幕藩体制下の大名は自らの温泉好きを反映してか、藩主一族専用の御殿湯のみならず地元民や一般湯治・利用客用の浴舎、湯壷の修復にも力を注いでいる。

秀吉が有馬に築いた豪華な湯山《ゆのやま》御殿は長く埋もれていたが、阪神大震災で一部崩れた極楽寺の庫裏建て替えに伴う発掘調査によって伝承どおり発見され、今では見学できる。泉源から湧き出た温泉を一時貯める湯槽や引湯樋、岩風呂、蒸し風呂と充実した入浴設備を整え、湯殿からは池や庭園が見渡せるようになっていた。蒸し風呂の石敷底からは髪の毛や体毛も見つかっている(13)。

秀吉は有馬温泉行に正室北政所や淀殿も同伴している。同浴したかどうかわからないが、まだ元気な秀吉は、体の深部までよく温まって保温効果の高い含鉄―強食塩泉という「金泉」系泉質の《子宝の湯》効果も期待して、側室まで有馬温泉に誘ったのではないかと想像される。

この点は最終的な覇者、家康も似ていよう。家康の駿府城詰め側室、お万の方は育った伊豆半島にある微温湯のアルカリ性単純温泉の吉奈温泉でよく湯治した成果か、二人の男児すなわち後の頼宣(初代紀伊藩主)と頼房(初代水戸藩主)を得たことから《子宝の霊湯》の評判はさらに広まった。

これも合戦続きの時代に一区切りついた平穏な時期ならでは。覇者としてはなおのこと跡継ぎを残すという次の重要課題に温泉を活かす。前に述べた海外の皇帝王族にも見られた温泉のもう一つの戦略的活用法だった。
そして一六〇三(慶長八)年三月、家康は征夷大将軍となり、江戸に幕府を開いた。天下をわがものとした翌年の一六〇四(慶長九)年三月、こうして成した義直・頼宣の二子を連れて、家康はすでにお気に入りだった熱海温泉で七日間一回りの湯治をしている。その熱海温泉を家康は大名慰撫のためにも活用する。

同年七月、熱海最大の泉源にして間欠泉の「大湯」から源泉五樽を汲ませて、かねてより熱海の湯を求めていた病気がちの周防の大名・吉川《きっかわ》広家がいた大坂まで送り届けさせたのだ。この温情は熱海の湯よりも熱く広家を感動させたことだろう。この話を聞いたほかの大名らも徳川家への忠心をさらに篤くしたはずである。

その後、大名や要人らは将軍が推奨する熱海へこぞって湯治に赴いた。常に大名の動静を監視していた徳川幕府も大名や奥方、幕臣の「湯治願い」には寛容であった。戦国の最終的な覇者もまた、こうして連綿と続く湯治文化を華開かせたのである。

注および参考文献

(1)『続日本後紀』巻六、承和四年四月戊申、「陸奥国言。玉造塞温泉石神雷響振。昼夜不止。温泉流河。其色如漿。加以山焼谷塞。石崩折木。更作新沼。沸声如雷」とある。

(2)『義経記』巻第七「八　亀割山にて御産の事」(『日本文学大系　校注第十三巻』、国民図書、一九二六年)より引用。

(3)以下の『秋山記行』からの記述引用は、『日本庶民生活史料集成　第三巻 探検・紀行・地誌』(三一書房、一九六九年)収録のものに依った。

（4）野沢温泉の成立過程については、石川理夫「共同湯の原点『惣湯』としての長野県野沢・渋温泉『大湯』の成立」（『温泉地域研究』第九号所収、日本温泉地域学会、二〇〇七年九月）や、同「野沢の温泉資源と共同湯を支える地域共同体の意義」（『温泉科学』第60巻・第I号、温泉科学会、二〇一〇年）で論じている。
（5）前出、草津町『草津温泉誌』第一巻（一九七六年）、四〇二頁、「自来六月朔日、至于九月朔日、草津湯治之貴賤一切停止之畢……」という朱印状にもとづく。
（6）『甲府市史　通史編第二巻　近世』、七〇五頁による。
（7）前出（6）、七〇三頁による。
（8）温泉掘削開発時代が始まる前の自然湧出源泉の分析と温泉場の状況を初めて公式に記録した明治十九年刊の内務省衛生局編『日本鉱泉誌』には、たびたびこの記述が見られる。
（9）財団法人和合会編『和合会の歴史　社会史編』資料「沓野史」項、三一一頁より。ただし原史料ではない。
（10）箱根温泉旅館協同組合編『箱根温泉史』（一九八六年）、六四頁より。
（11）『加賀藩史料』第一編、八七二頁より。
（12）田中芳男『有馬温泉誌』（一八九四〔明治二十四〕年）より。
（13）『一九九八年版　日本の遺跡発掘』「湯山御殿跡」五八～九頁。

第六章　戦時の人びとを受け容れた温泉地

「傷の湯」の誉れ――温泉成分の持つ意味

温泉はその功能や特色を評価して、ときに「○○の湯」などと呼ばれることがある。「子宝の湯」の例は挙げたとおりで、ほかにも「熱の湯」「冷（え）の湯」「美肌の湯《美人の湯》はキャッチフレーズ）」「心臓の湯」「目の湯」といった呼び名が見られる。

「熱の湯」は泉質で言うと食塩泉（塩化物泉）で、温熱効果と同時に、温泉の主成分の塩分が皮膚表面に膜のように付いて保温効果を高め、持続させることから名づけられた。食塩泉の源泉に入浴後、いつまでもぽかぽか体が温まっている経験をした方は多いだろう。これに対して「冷（え）の湯」は重曹を主成分とする重曹泉（ナトリウム―炭酸水素塩泉）で、重曹成分には表皮の脂分を乳化させて落とす清浄効果があり、そのため肌がさっぱりして清涼感を感じることから名づけられた。

「心臓の湯」は温泉医学や温泉療法が発展したヨーロッパでよく言われる。「心臓の湯」の泉質は炭酸泉（二酸化炭素泉）で、主成分の炭酸ガスは微温湯や低温泉のほうがガス状態を長く保てて温泉水に多く溶けやすい。高温になると、放射能泉の薬理成分のラドンガス同様に空気中に放散してしまうのだ。したがって炭酸泉は入浴しても微温湯のため心臓に負担をかけずに、体のすみずみまで血行を良くして新陳代謝を促し、血圧を低下させる働きからこう呼ばれてきた。ドイツを中心にヨーロッパには炭酸泉の名湯が多いことも「心臓の湯」の称号を広めたのだろう。

「美肌の湯」は、泉質では重曹泉、硫黄泉、石膏泉（カルシウム―硫酸塩泉）、アルカリ性単純温泉の一定の美肌作用を称えて言われる。この話はよく語られているので割愛するとして、「目の湯」は聞き慣れないかもしれない。新潟県貝掛温泉、神奈川県姥子元湯温泉（現・姥子秀明館）が江戸時代から「目の湯」として知られる。貝掛温泉は洗眼薬として使われたメタほう酸を多く含む。一方、姥子元湯はpH三・三ほどの殺菌力のある弱酸性泉を示し、溶存物質計が千ミリグラム（一リットル当たり）に少し満たないため、泉質は単純温泉に規定されているが、成分には殺菌効果のある明礬《みょうばん》成分（アルミニウム硫酸塩）を多く含むことから、目に入ったゴミや傷による化膿を防ぐ効果があったと考えられる。湯治客は針が沈んでいても透き通っていて見つけられるという岩盤湧出湯壷の中で目を湯で洗っていた。

このように温泉は泉質だけでなく、主に含まれる温泉成分がもたらす功能や持ち味、特色が温泉利用面で大いに注目される。前章では戦国大名のいわゆる隠し湯の成立条件として、「泉質や成分による温泉の持ち味、効能面でとくに切り傷に効くこと。つまり『傷の湯』と称される温泉が望ましい」ことを第二番目に挙げた。この「傷の湯」の誉れ高い温泉こそ、広い意味で戦時の人々にはことのほか重視されたのは当然と言えよう。

そこで「傷の湯」と称される温泉はどのようなものか。江戸時代あるいはそれ以前から「傷の湯」としての評判が高かった二つの温泉地に見ていきたい。

江戸中期の医学者、香川修徳(一六八三〜一七五五)が著した『一本堂薬選』(上・中・下に続編の全四巻)の続編に収められた「温泉」は、日本初の温泉医学書とも呼ばれるが、中国と日本の温泉地を紹介する中に二つの温泉地も記している。ひとつは「鎌崎」と記された宮城県白石市の鎌先《かまさき》温泉。もうひとつは「胡胡米《こごめ》又子産《こうみ》湯と云う、又河内と云う(1)」と中世以来の古温泉名で記された神奈川県湯河原町の湯河原温泉である。

明治十九年刊の内務省衛生局編『日本鉱泉誌』では、鎌先温泉の「発見」は室町時代の「正長元(一四二八)年」とされるが、これは地元に伝えられた「里人が草刈り中に鎌の先で温泉を掘り当てた」という年号を踏襲している。重要なのは、《奥州の薬湯》《傷に効く鎌先》という評判のもとになった温泉の成分のほうだ。

明治の『日本鉱泉誌』が記す鎌先温泉の成分分析では、泉質は大分類の「塩類泉」で、「硫酸」と「格魯兒《ころに》」と「加爾基《かじき》」の三種類を「最多」とし、「那篤倫《なとりん》」を「著明」としている。硫酸(イオン)は硫酸塩泉を構成する陰イオンの主成分。「格魯兒(ころに・ころる)」は塩化物泉を構成する陰

湯治棟が並ぶ鎌先温泉

イオンの主成分の塩素(chlorine)あるいは塩化物(chloride)を同書では意味する。「加爾基《かじき》」は水道水に入れていたカルキ(次亜塩素酸カルシウム)の表記で、同書では陽イオンのカルシウム成分を意味する。「那篤倫《なとりん》」は陽イオンのナトリウムのことだ。

一九五四(昭和二十九)年に当時温泉を主管していた厚生省が編纂した『日本鉱泉誌』は、戦前に分析したものを中心により詳細な温泉分析書を収録していて、鎌先温泉では四つの源泉の明治末から大正年間の温泉分析書を載せている。それによると泉質はすべて含芒硝—弱食塩泉(ナトリウム—塩化物・硫酸塩泉)。温泉水一リットル当たりの溶存物質量は約五二〇〇~五六〇〇ミリグラムで、相当含有成分が多い。入浴すれば、主泉質の塩化物泉と副泉質の硫酸塩泉の二つを構成する濃い温泉成分がダブルにずっしり身体に作用したことだろう。

もう一つの湯河原温泉は、中世から江戸前中期にかけて「こごめ(小梅)の湯」あるいは「子産(小海)の湯」と呼ばれ、土着の土肥氏をはじめとする武士の刀傷や、周辺に多い石切場で切り傷、打ち身などけがをした石工が湯治する「傷の湯」の評価が高かったようだ。明治十九年刊『日本鉱泉誌』では七カ所の源泉を記載し、泉質は塩類泉。成分は「格魯児那篤倫母」(塩化ナトリウム)がいちばん多く、続いて「硫酸加爾叟母」(硫酸カルシウム)となっている。

昭和二十九年刊『日本鉱泉誌』には、大正十一年を中心に湯河原温泉の一三源泉の温泉分析書を記載している。泉質は石膏泉(カルシウム―硫酸塩泉)、含石膏―弱食塩泉あるいは含塩化土類・石膏―弱食塩泉(ナトリウム・カルシウム―塩化物・硫酸塩泉)、弱食塩泉、単純温泉まで五種類に及ぶ。藤木川河畔に湧出する古くからの源泉は石膏泉(カルシウム―硫酸塩泉)と含石膏―弱食塩泉が主力だ。溶存物質量は一部の単純温泉、弱食塩泉を除けば、二三〇〇~四七〇〇ミリグラムにわたる。湯河原温泉では主な泉質と含有成分から、石膏泉あるいは石膏成分(カルシウム硫酸塩)と弱食塩泉(塩化物泉)の二つが温泉の効能や特色を支える要素となっていることがわかる。

二〇一四(平成二十六)年七月に改正された「温泉法第一八条第一項の規定に基づく禁忌症及び入浴又は飲用上の注意の掲示等の基準」によって、いわゆる温泉の効能にかかわる泉質別適応症も一部改正があった。その中で「傷の湯」に合致する「きりきず」が浴用の適応症に含まれている泉質は、新泉質表示による大分類で示すと、塩化物泉、炭酸水素塩泉、硫酸塩泉の三種類で構成される塩類泉と二酸化炭素泉である。

「きりきず」、傷一般は一般的に温泉入浴によって血行が良くなり、新陳代謝が促されると治りが早くなることは言うまでもない。泉質名を付けられる療養泉全般に該当する一般的適応症(浴用)の中に打撲などによる慢性的な痛み又はこわばりが含まれているのはそのためであり、さらに温熱効果と保温効果も高い塩化物泉や、身体の末端まで血行・血流を良くする二酸化炭素泉は適役である。

それに古くから「傷の湯」で知られた二つの温泉地に示されるように、特定の泉質と含有成分の要素が加味されると考えられる。一つは食塩泉（塩化物泉）が有する、傷なども改善させる殺菌効果であり、もう一つは石膏泉（カルシウム—硫酸塩泉）あるいは温泉水に硫酸イオン、カルシウムイオンなどのイオン状態で多く溶けている石膏成分（カルシウム硫酸塩）や硫酸塩泉がもたらす痛み緩和の鎮静作用である。

なお、泉質で補足すると、こうした鎮静作用はラドンガスを主成分とする放射能泉でも見られ、その吸入浴がとくにヨーロッパで注目されてきた。例を挙げれば、放射能泉の温泉地でも紀元前の時代から利用されてきた歴史を持つオーストリアのバート・ガシュタインでは、ラドンガスが充満する洞窟・坑道内で吸入する医学的療法が行われており、痛みを軽減し、疲労回復を早めることが認められている。(2)

幕末維新の内戦と温泉(1)　坂本龍馬の刀傷を癒した温泉

「傷の湯」で傷を癒し、回復した者は無数にいたことだろう。幕末の内戦の時代を駆け抜けて去って行った坂本龍馬もその一人であった。

龍馬は一八六六（慶應二）年一月二十一日（旧暦）に京都にあった薩摩藩の若き家老・小松帯刀《たてわき》邸で桂小五郎と西郷隆盛（吉之助）による薩長同盟締結に立ち会う。その二日後、定宿にしていた京都・

伏見の船宿「寺田屋」で夜、幕府伏見奉行所の捕吏に急襲された。長州藩がボディガードとして付けてくれた槍の名手、三吉慎蔵とともに自らは拳銃で防戦するも、両手の親指と左手の人差し指の動脈を切られる傷を負う。機転を利かせたお龍が寺田屋を抜け出して、約五百メートル離れた伏見の薩摩屋敷に急を知らせ、闇に乗じて寺田屋を逃れ、ひそんでいた龍馬らは救出に来た薩摩藩士により薩摩屋敷にかくまわれた。出血がひどかった龍馬はこの薩摩屋敷でお龍らによる看病を受けたが、十分な手当ができないため、洋式歩兵小隊二組に大砲まで付けた薩摩藩士の厳重な警護に守られて京都・相国寺前の薩摩藩邸に移動した。これでは新撰組といえども龍馬に手出しはできなかったろう。

その龍馬の傷を癒す目的で薩摩へ誘い、なじみの「傷の湯」の湯治場まで教えたのが西郷隆盛と小松帯刀の二人であった。温泉が見あたらなかった土佐で育った龍馬と違い、温泉資源に恵まれた薩摩で温泉体験を積んでいた西郷隆盛と、薩摩藩主も利用する温泉場を抱える霧島でよく温泉療養をした小松帯刀は、龍馬にとって当代最高の温泉アドバイザー陣だった。

龍馬の薩摩での「傷の湯」湯治行の足跡をたどってみよう。日本初の温泉新婚旅行であったかはわからないが、およそ二十七日間にわたる、傷の癒しと二人にとってつかの間の安らぎの旅である。

旧暦の二月二十九日にお龍と京都を発った龍馬は、三月四日に薩摩船「三邦丸」に小松、西郷、同じく改革派の藩士・吉井友実《ともざね》らと乗船、鹿児島に向かう。下関、長崎に寄港して十日鹿児島着。

明治時代の塩浸温泉（塩浸温泉龍馬資料館展示より）

小松、西郷、吉井各邸に滞在した後、吉井友実の案内で城下から桜島を見やりながら錦江湾を船で渡って浜之市(隼人)湊に十六日到着。ここから霧島の山と温泉へ出発する。小松帯刀はすでに霧島山中の栄之尾《えのお》温泉での湯治療養に先発しており、そこで龍馬らと再会することになる。栄之尾温泉は島津藩主が避暑と湯治のために館と湯殿を設けていた保養温泉地で、硫黄谷温泉とともに多くの人が訪れていた。

十六日最初の宿泊温泉地は天降《あもり》川に面した平野部に横たわる日当山《ひなたやま》温泉。西郷お気に入りの重曹泉による美肌湯の温泉場である。翌日、日当山温泉から目当ての「傷の湯」、塩浸《しおひたし》温泉に歩を進める。

現在の霧島市には、霧島連山の山腹に広がる霧島温泉郷と霧島神宮温泉、湧水町の国見岳から流れ下る天降川と支流が刻む緑濃い新川《しんかわ》渓谷に沿って数百メートルも行かないうちに温泉場が次々と現れる新川渓谷温泉郷、そして日当山温泉、錦江湾に臨む平野部(旧国分市、隼人町)に点在する温泉群と、びっしり温泉が集中している。当時渓谷沿いは歩きづらかったので、山側から渓谷の温泉場へ上り下りしていた。二人もそのようにして塩浸温泉に着いた。陽が射す時間も限られた渓谷の川底にへばりついたような寂しい温泉場だが、ここで二人は十一泊もする。何より刀傷を治すためであった。

塩浸という温泉名は、天降川支流・石坂川の川岸から今も自然湧出している鉄分を含む高温（現在五十〜五十二度）の重炭酸土類泉（カルシウム・マグネシウム—炭酸水素塩泉）の成分が、塩牡蠣と呼ばれるように黄白色に析出して川岸に付くことに由来する。江戸の文化年間に鶴が温泉で傷を癒していたことから「鶴の湯」と呼ばれ、切り傷に効くという評判が広まった。幕末には薩摩藩によって道路や温泉施設が整備され、龍馬たちもそうした簡易な宿泊設備と湯壷を利用した。河畔には江戸時代からの古い湯壷が今も残る。その後も戊辰《ぼしん》戦争の負傷兵がここで傷を癒し、大いに効果があったという。(3)

十一泊に及ぶ塩浸温泉での龍馬の湯治も効果抜群だったことは、土佐にいる姉・乙女《おとめ》への手紙に「谷川の流れにて魚を釣り、短筒で鳥を撃つ。誠におもしろかりし」と書いた滞在中の行動からうかがえる。湯治場から急な石段の坂道を上り下りして旧道沿いに現・妙見《みょうけん》温泉に近い「蔭見滝《いんけん》」（犬飼滝）まで見物に出かけ、「実にこの世の外かと思われ候ほどのめずらしきところなり」と観光気分も満喫するようになった。こうして二人は霧島山へ向かう。

三月二十八日、再び吉井友実の案内で支流・中津川沿いの道から霧島山に登り、山腹の栄之尾温泉で湯治療養していた小松帯刀を見舞う。この日は硫黄谷温泉に泊まった。

江戸後期に薩摩藩に招請され、文政十一（一八二八）年以降天保六（一八三五）年頃にかけて霧島温泉見聞も図入りで記録した大坂の商人・高木善助の『薩陽往返記事』によれば、当時霧島山中の温泉場では新湯《しんゆ》温泉、明礬温泉、硫黄谷温泉、栄之尾温泉の四カ所が営業していた。なかでも栄之尾温泉は「近年入浴人第一に多し」(4)というにぎわいを見せていた。一方、硫黄谷温泉は明礬温泉より規模は小さめ、「小家十四、五軒あり」という状況だった。

龍馬らが栄之尾温泉ではなく、霧島・高千穂山に天の逆鉾を見物登山した帰りの三月三十日にも同じく硫黄谷温泉を宿泊先に選んだ理由は定かではない。島津藩主の湯殿や館もあり、泊まることを勧めた湯治療養中の小松帯刀にこれ以上気遣わせないよう配慮したのか。さらに硫黄谷温泉は、霧島の温泉群の中では「硫黄気ありてよく湿瘡を治す」(幕末編纂の『三国名勝図会』)という硫黄泉、酸性泉の特色ある泉質が複数あったので、傷の化膿防止にあえて選んだことも考えられる。江戸後期の温泉番付『諸国温泉功能鑑』の西の番付上位に「薩摩硫黄湯」として常連で格付けされているのが硫黄谷温泉だから、知名度もあった。

こうして滝見物や観光登山もしながらの帰路、本来の湯治目的をまっとうすべく塩浸温泉に戻って、七泊すなわち湯治一回りを過ごす。その後、「傷の湯」湯治の仕上げのためか、肌に優しい美肌湯の日当山温泉で三泊した。そして再び浜之市湊から乗船して鹿児島城下に戻り、六月二日に藩船「桜島丸」に乗船して帰途につくまで、およそ五十日間は小松帯刀の屋敷に滞在していたという。龍馬の傷も気力、体力共完全に回復したことだろう。

変革に燃える志士の中で、愛妾宅で時間を過ごす者はいても、これほど新妻と一緒に湯治行をして、親密な旅と時間を共に過ごした者はほかに居まい。それが龍馬の人間的魅力に反映されるのだが、霧島湯治行によって龍馬にも温泉のありがたみ、良さが身をもって理解できたことだろう。惜しむらくは、温泉へのかかわりをさらに深めるには、残された時間があまりにも短かった。大政奉還に尽力した翌年の一八六七(慶應三)年十一月十五日、龍馬の誕生日(数え年三十三歳)だったが、京都の「近江屋」で刺客の襲撃を受け、中岡慎太郎とともに絶命させられたのだった。

幕末維新の内戦と温泉(2)　隠棲の温泉場から戦場に赴く西郷隆盛

「傷の湯」湯治の成果もむなしく、龍馬は逝った。無事に明治維新を迎えられた同志らはどうであったのか。

幕末維新の内戦は戊辰戦争で終わりではなく、一八七七(明治十)年二月から九月にかけての西南戦争(西南の役)をもって終結した。まさに「ラストサムライ」の戦いだった。士農工商の解体、廃藩置県に始まり、一八七三(明治六)年公布の徴兵令以降導入されていく国民皆兵制度など新政府諸施策に反対する士族の反乱もこうして鎮静した。その内戦の渦中にあった西郷隆盛の足跡を温泉とのかかわりという視点から見つめ直してみたい[5]。なお、もう一人の同志的温泉アドバイザー、小松帯刀については、維新政府の要職に就くも一八七〇(明治三)年に病没(享年三十六)。惜しまれた死であった。

西郷隆盛関係著述は言うまでもなく数多い。しかしながら温泉(地)の存在意義、価値というものへの問題意識がなかったゆえか、西郷に対してもこの視点から書かれたものは管見のかぎり見あたらない。例外的に、日当山温泉での西郷の過ごし方を明治後期に当時近隣の西国分村村長を務めた人が著述したものがある程度だ。(6)

そもそも西郷と温泉の出会いを考えてみると、生まれ育った鹿児島城下は今でこそ北の青森市と並ぶ全国最大級の県庁所在温泉都市になったが、当時は温泉があったわけではない。そうなると温泉と出会える可能性は、数え十八歳の一八四四(弘化元)年に藩の郡方書役助となり、郡奉行の下で藩内各地を回るようになってからのこと。(7)その中で北西部の現・薩摩川内市にあたる地域の妹背橋架設工事にかかわり、当地の川内高城《せんだいたき》温泉の共同湯に入るようになった。これが最初にほれこんだ温泉ではないだろうか。

川内高城温泉は以前、湯田、高城、川内温泉とも呼ばれた。鎌倉初期の『建久弐(一一九一)年薩摩国図田帳』の高城郡に「湯(温)田浦」と記載されているのが、この温泉の所在を示していると考えられる。鹿児島有数の古湯である。西郷家自体この地と縁が深い。一八四七(弘化四)年には父・九郎吉兵衛隆盛に同行し、温泉場から遠くない薩摩郡水引村(現・薩摩川内市)の知己の豪商・板垣家を訪ね、金百両を借りた。翌年には板垣休右衛門が西郷家を訪れ、さらに百両貸している。

川内高城温泉は今も昭和レトロ感漂う温泉地で、一本の通りには商店にまじって自炊湯治宿、温泉神社、西郷隆盛も入浴した共同湯がそうとわからないほど商店の裏手にひっそり控えている。あふれ出る清澄な湯に硫化水素の湯の香と硫黄の湯の華が漂う単純硫黄泉で、現在の泉温は五十二度と高温である。pH九・二と強アルカリ性でもあり、肌がつるつるすべすべする美肌湯は日当山温泉と同じで西郷好みだったのだろう。維新後もよく訪れ、逗留した民家で興じた碁盤と碁石が市の歴史資料館に展示されている。

川内高城温泉は西郷にとって初体験と言える温泉であり、ほのぼのした思い出や憩いの時間が多かったと想像する。それが幕末維新の動乱を経る中で、温泉へのかかわり自体に変化が見られる。すなわち温泉場は西郷にとって維新政府からの逃避、つかの間の隠棲の場となっていく。

西郷隆盛が日当山温泉で定宿にした「西郷どんの宿」

最初の兆候は日当山温泉にうかがえる。江戸城無血開城後の上野戦争で勝利を収め、一八六八(明治元)年六月に藩主島津忠義を伴い、鹿児島に戻ると、「健康を害した」と温泉療養に赴いている。それがどの温泉地だったかわかっていないが、八月に戊辰戦争に出陣して大役を果たした後の十一月初旬、再び鹿児島に戻るとすぐに日当山温泉で静養しているから、最初の療養先も日当山温泉だったかもしれない。

最も輝かしく脚光を浴び、政府権力の中枢でふんぞりかえっていてもおかしくない凱旋将軍が戦場の後処理をほかの者に委ねると、郷里のひなびた湯治場に籠もり、愛犬とうさぎ狩りや川釣りに興じ、地元民と一緒に語らいながら素朴な共同湯に浸かる。しかも新鮮できれいな湯口近くではなく、浮いた垢で汚れた湯が集まる湯尻側でいつも浸かっていたという。(8) これは西郷の一貫した温泉入浴作法である。日当山温泉に旅館らしいものはなかったから、「元湯」の共同湯に近い農家、龍宝伝右衛門宅の表座敷を借り、釣った川魚を洗いにして酢みそを付けて食べるなど狩りや釣りの獲物が食卓を飾った。まさに《晴狩雨読・浴》の隠棲生活そのものであった。

一八六九(明治二)年二月、日当山温泉にいた西郷を呼び出しに藩主の島津忠義直々に来訪し、藩政への復帰・参加を要請する。さすがに断り切れなかった。鹿児島に戻って藩政に加わると同時に、箱館戦争の応援に藩兵を率いて赴いた。こうした功績により政府から褒美と残留命令を受けたが、鹿児島に戻ったため、再三出仕を求められる。維新政府に西郷が本格的に復帰したのは一八七一(明治四)年二月のことで、廃藩置県の断行、官制・軍制の改革整備など一八七三(明治六)年十月まで政府の要職(参議ならびに陸軍元帥・大将を歴任)に就いて取り組んだ。この間は鹿児島への行き来はあったにしても、温泉行は短期の骨休み目的でしかなかっただろう。

しかし事態は反転する。きっかけは朝鮮問題で、無用な出兵に反対して自ら使節となって赴くという決定をくつがえされ、参議間の分裂を契機として持病の胸痛を理由に辞表を提出して帰郷。二度と政府や県の要職に就くことはなかった。

これ以降、西郷の隠棲先として新たな温泉場が加わった。薩摩半島南端の鰻《うなぎ》温泉(現・指宿市)、霧島山中の白鳥《しらとり》温泉(現・宮崎県えびの市白鳥上湯温泉)、栗野岳温泉(現・湧水町)の三カ所である。

これ以外にも訪れた新しい温泉場としては、伊作《いざく》温泉(現・日置市吹上温泉)、桜島の有村温泉といった名前が挙げられるが割愛する。

鰻温泉へは帰郷してまもない十二月から翌一八七四(明治七)年三月初めまで滞在した。鰻温泉は指宿温泉の西方、カルデラ湖である鰻湖の湖畔にある。三方は絶壁で亜熱帯性の樹木に覆われ、湖畔には噴気、温泉蒸気が噴き出す地獄地帯が広がり、高温の蒸気を煮炊きに使う「スメ」という蒸気かまどが民家の軒先にこしらえてある。南国の火口の湖底に沈んだようななんとも幻想的な風景で、まさしく隠棲にふさわしい温泉場である。今では蒸気造成による温泉共同湯や掘削した温泉を持つ民宿ができているが、当時は湖畔から温泉も自然湧出していた。

ここで詩作にもいそしんでいた西郷だが、隠棲の温泉場にも内戦の動き、誘いが届き始めた。鰻温泉に着いてしばらくすると、佐賀の志士三人が前参議・江藤新平の密使として訪れたのを皮切りに、一月末にも江藤の使者が来訪(9)。江藤は一八七四(明治七)年二月に佐賀の乱を起こしたが、政府軍と戦闘中の三月一日には江藤自身が西郷の支援を求めて鰻温泉までやって来た。しかし西郷は動かない。佐賀の乱は三月には鎮圧され、率いた江藤新平は新政府の司法制度の礎を築いた初代司法卿でもあったが、皮肉なことに反論も許されない即決裁判で処刑、さらし首となった。

この年の春に作った漢詩は西郷の心情を物語っていよう。

「塵世官を逃れ　また名を逃れる、ひとえに悦ぶ　造化自然の情。閑中味あり　春窓の夢、呼び覚ます暁　鶯三両の声(10)」

隠棲の温泉場を乱された西郷はその年六月、私学校を創設。決起にはやる青年たちを指導教育しようと考えた。それから七月十三日に鹿児島を出帆して、二十九日霧島連山・白鳥山(標高一三六三メートル)中腹の深い樹木に囲まれた白鳥温泉に着く。第二の隠棲温泉場だ。およそ二カ月間民家に仮宿して逗留する。その様子は、陸軍少将、近衛長官を務めた後下野し、私学校を共に運営した篠原国幹《くにもと》宛に八月十一日送った手紙からうかがえる。

「実に此の地は霊境にて、気候秋の央を過ぎ候位に御座候。今暫くは入湯の賦にて御座候……最早や世間広く相成囲《かこい》を解かれ、多幸の仕合はせに御座候」

白鳥温泉には噴気、蒸気が上る小地獄地帯があり、高温の温泉蒸気を活用した天然蒸し風呂がある。泉質は酸性泉。南国の夏を逃れられるこの霊境の蒸し風呂にこもって横臥し、世俗を離れて温泉の悦楽に浸りきる西郷の姿が浮かぶ。今この温泉場には市営温泉施設一軒だけあり、西郷が当地で詠んだ漢詩が碑に刻まれている。

「幽居夢覚起茶烟　霊境温泉洗世縁(幽居に夢覚れば茶の烟起り、霊境の温泉は世縁を洗う)」

白鳥温泉から鹿児島に戻った翌一八七五(明治八)年、郷里に本腰をすえる決意で、青年たちと新天地開拓の吉野開墾事業に乗り出す。戦場の指揮官、新政府陸軍大将だった人が「農人になりきっている」と語るように農地を耕し、労働の汗を流すのだ。

そして西郷は一八七六(明治九)年四月、白鳥山の西にそびえる栗野岳(標高一〇九四メートル)の山腹、海抜約七百メートルに横たわる栗野岳温泉を初めて訪れる。

栗野岳温泉の背後の松林の中には高温の蒸気が立ち上り、熱泉が流れ出て地獄景観を呈する八幡地獄が広がる。ここが泉源地となって、酸性緑礬泉（酸性—鉄〔Ⅱ〕—アルミニウム—硫酸塩泉）や硫黄泉、放射能泉、炭酸泉と特色も異なる四種類の泉質の源泉が提供されているが、これほど多様な泉質の温泉が一カ所の温泉地から産み出されるというのはじつに希少なことだ。

西郷はたちまち気に入り、知人宛の手紙にこうしたためている。

「湯治人は案外多人数に御座候へども、皆田舎人のみにて……全く仙境に御座候[11]」

西郷隆盛が隠棲した当時からあった栗野岳温泉の蒸し風呂

おそらく西郷はここでも天然の蒸し風呂にこもり、瞑想したことだろう。「仙境」「霊境温泉」でこそ過ごす。かねてより、温泉（地）の愛し方でその人がわかる、と考えているが、隠棲的な温泉場志向に加えて西郷は、土地の人々がふだん利用する素朴でひなびた〈衆の湯〉を好んだ。維新後に有名温泉地の高級旅館に泊まっては揮毫を残すような、ほかの維新元老たちと対極にある温泉（地）へのかかわり方だと思う。

そうした日々に終わりがやって来た。維新後の社会不満、政治路線対立による内戦の残り火は依然消えていない。維新の原動力となった旧薩摩藩内にとりわけ充満し、いつ爆発してもおかしくなかった。隠棲中の西郷に近づいて包み込む火は、ついにその人を燃やし尽くす。西郷自身に天命への諦観があった。それゆえ自ら決意し、出陣していったゆえに、残念ながら隠棲の温泉地も平和な避難所（アジール）の役割を最後まで果たすことはできなかった。

帝国陸軍を消耗させた脚気と温泉・転地療法

維新最後で最大の内戦となった西南戦争で反政府側が敗北したことは、反政府勢力に武力によらないその後の道筋を開いた。すなわち自由民権運動と立憲政治の推進である。その先駆けとなる意義深い史実が西南戦争の最中、激戦地となった熊本県北部の温泉町、山鹿《やまが》温泉（現・山鹿市）に残されている。

西南戦争が勃発して西郷を総隊長に政府と直談判しようと北上する薩摩軍と、九州に南下してくいとめようとする政府軍との一大戦場となったのが、熊本城をはじめとする熊本県下である。熊本は自由民権運動が盛んで、山鹿温泉に近い植木（現・熊本市北区植木町）には一八七五（明治八）年、民権派の学校「植木学校」が開設された。リーダーの宮崎八郎をはじめ植木学校に集う青年らは選挙で隊長を選んで自由民権軍＝熊本協同隊を結成し、路線は異なったが薩摩軍に協力して戦った。その中で熊本協同隊が一カ月ほど滞在した山鹿では官選の役人を罷免して、住民による普通選挙で行政官を選び、地域住民自治の草分けともなる試みを短い期間ながら行ったのである。

西南戦争で宮崎八郎は薩摩軍指揮官の身代わりとなって官軍に撃たれ、亡くなったが、フランス市民革命に大きな影響を与えたルソーの『社会契約論』を中江兆民が部分訳した『民約論』をそのとき懐に抱いていたという。そうした地域自治の気運は、明治以降の山鹿温泉における温泉資源や共同浴場の共同管理運営にも反映された。

なお、自由民権一家で知られる宮崎八郎の末弟が、孫文を助けて中国辛亥革命の成功に功あった宮崎滔天《とうてん》で、滔天と結婚した前田槌《つち》の姉が前田卓《つな》。夏目漱石の『草枕』に登場する「那美さん」のモデルだ。本節は明治の二人の文豪、漱石と森鷗外につながっていく。

さて、維新政府による西欧列強に追いつき追い越せの近代化路線が、民権より国権の拡大へ、立憲主義を制限する統帥権の独立へ、国民徴兵制度と近代的装備にもとづく軍備増強へ、対外的な権益主張をはかる戦争遂行体制へと拍車をかけたのは、歴史が示すとおりである。その過程で温泉(地)は、かつての戦国大名による《隠し湯》ならぬ、帝国軍隊による傷病将兵向けの温泉療養所としての新たな役割を受容することになった。

これに関しては先行的に、社会福祉分野から廃兵史を研究する山田明の考察[12]や、よりダイレクトに近代日本における戦争と温泉地のかかわりを考察する高柳友彦の論稿[13]等が大いに参考となる。また、箱根の温泉のように日露戦争から日中戦争、太平洋戦争への過程で陸軍病院の療養所あるいは分院として傷病将兵の療養に活用された歴史を記録にとどめている[14]温泉地も少なくない。

帝国軍隊による温泉療養所はいつ頃開かれたのだろうか。廃兵史研究の論稿において山田明は、帝国陸軍軍医団が一九四二(昭和十七)年にまとめた『温泉療法講義録』をもとに、「明治八年八月に『患者入浴給与方』が定められたのがその最初[15]」と指摘する。背景には「温泉での転地療養を必要とする切迫した事情が発生していたことがうかがえる」として、切迫した事情の最大要因は、とくに陸軍において「脚気病の頻出と治療法のなさにあった」とみなしている。

戦国時代の温泉(地)活用は専ら戦による刀傷を治すことで、限られた兵力、戦力の消耗を抑えることにあった。ところが明治の帝国軍隊は、戦う前から兵力の深刻な消耗という問題に直面していた。

脚気はビタミンB_1の欠乏によって起こる栄養障害の病気だ。ビタミンB_1が欠乏すると、全身の倦怠感とともに手足がしびれ、下肢が重くなってつま先が上がらなくなり、転びやすく歩行困難になる。戦力以前の状態に陥り、息切れや心臓肥大を伴い、衰弱して、死亡率は高い。ビタミンB_1は穀類の胚芽や豆類、豚肉、魚卵に豊富に含まれ、ふだんこうした食物から摂取していれば問題ない。ところが日本の場合、胚芽を取り除いて精米した白米偏重でおかずの乏しい食事をすると、ビタミンB_1が不足して脚気になりやすい。すでに江戸時代に玄米食から、ぜいたくとされた白米偏重の食生活が江戸や大坂など都市で普及するにしたがい、「江戸煩《わずら》い」「大坂腫れ」の名で流行していた。

それが帝国軍隊で発生したのは、維新政府が徴兵制度を貧しい国民に広めるにあたって、「軍隊に入ればふんだんに白米が食べられるぞ」と誘い看板にしたように、兵営における白米偏重の兵食にあった。しかしその原因は、とりわけ陸軍にあっては後述する誤った説への固執から後々まで解明されず、脚気を兵営や戦地でまん延させ、いたずらに将兵を発病、病死に至らしめていた。

どのくらい深刻だったか。先の山田明の論稿から帝国陸軍病死者に占める脚気病死者の明治前半期の割合をみると、一八七八(明治十一)年では六割、明治十六年で五割、明治二十一年でも依然二割を占めていたという。

その後の戦時については、陸軍省医務局による公式記録[16]から数字を挙げよう。陸軍でも一時米麦混食を採用して脚気の改善を促していたが、日清戦争(一八九四[明治二十七]〜九五)では、戦地で白米食をより徹底させたために、脚気患者は「総計四万一四三一名」に上り、「入院患者の約四分の一」を占めた。そして脚気による死者数は「総計四〇六四名」で、致死率は約一〇パーセントに上った。陸軍の「戦死者九七七人[17]」とも記しているから、その四倍強の死者を生んだことになる。同資料が「古今東西ノ戦役記録中殆ト其ノ類例ヲ見サル」と記す惨状を生んでいた。

しかし帝国陸軍が伝染病一般に責任転嫁していた状況は、十年後の日露戦争(一九〇四[明治三十七]年〜〇五年)時にも変わらないどころか、出征した将兵数が百万人に及ぶ大規模な戦争であったために惨状に拍車をかけた。そこで陸軍省医務局の公式記録『明治三十七八年戦役陸軍衛生史』では、脚気に関する統計数字を「軍事上ノ関係ニ因リ」と軍事機密扱いし、比例値で表して実数を分からなくしてしまった。日清戦争時とは異なる対応で、都合が悪いと機密と称して死者や実態を隠すのは政府や軍隊の常套手段らしい。

そこでさまざまな数字から推計すると、日露戦争時の将兵の死者約八万人中、戦傷死者は約六万人に対して病死者が約二万人強。およそ二十五万人もの後送・入院患者を出したが、いずれもその半数近くを脚気患者が占めていたと思われる。

かくも長く、とりわけ帝国陸軍で脚気患者、死者を続出させたのはなぜだったのか。じつは明治初期には陸軍以上に深刻だった脚気の問題を帝国海軍では早期に克服し、日清、日露戦争時にはもはや患者をほとんど出さなくなっていた。

海軍でそのことに多大な功があったのは、イギリスで衛生学を学んで一八八〇（明治十三）年に帰国し、脚気問題に取り組んだ海軍病院長・海軍医務局長（最終は海軍軍医総監）の高木兼寛《かねひろ》である。高木は兵隊の生活環境と脚気の発症の関係について調べていくうちに、兵食（白米偏食）の問題にいきあたる。兵食改善で明治十七、八年以降はパン食、麦飯食を採り入れさせると、遠洋航海でも発症者がゼロになった。ビタミンB_1の不足ということまでは解明できたわけではなかったが、食料問題が解決のポイントと理解して、以降海軍では脚気の発症を見なくなった。

一方、陸軍では軍医首脳陣がこの事実を黙殺し、同時に高木説に執拗に反論した。連携していた東京帝大は近代西洋医学の中でもドイツ医学派で、脚気に対しては食料原因説を排し、伝染病を疑う立場に固執した。一八八五（明治十八）年頃に「脚気菌を発見した」と誤りの発表をした東京帝大の緒方正規をはじめ、陸軍医務局長（最終は陸軍軍医総監）の石黒忠悳《ただのり》、次の陸軍医務局長の森林太郎（森鷗外）らを中心に脚気伝染病説を固守したことが、原因解明と対処法を大きく誤らせ、戦場での戦死以前に貴重な多くの将兵の生命を万単位で奪う悲劇を招来させた。文豪・森鷗外も現実世界では、自説と立場への執着から将兵を見殺しにし続けたと指弾されても仕方なかったのである。

結局、脚気問題の決着には多大な年月を費やしている。調査会を発足させた政府が「脚気は主にビタミンB_1欠乏によって起こる」という結論を出したのは、一九二四(大正十三)年になってのこと。まだビタミンとは特定していなかったが、鈴木梅太郎が米糠中に脚気を予防する新規成分が存在することを世界で初めて示す論文を発表した一九一二(大正元)年からも十一年が経過していた。

本題に戻ろう。戦傷ではない脚気に対しても、原因不明なまま唯一の解決策とばかりすがられ、将兵患者を送り込まれた温泉地などの転地療養所に果たして効果が見られたのか。食物摂取内容に原因があって発症するのに、信じられないかもしれないが、『陸軍省第一年報』(明治八年七月〜九年六月)が「此病ニシテ奇験ヲ奏スルハ独リ転地療法ノミ」と記すとおり[18]、かなり改善効果のあったことが報告されている。

先の山田明の論稿によると、後に陸軍軍医総監に就く石黒忠悳が、脚気病が多発する理由を環境の変化に求め、治療法の一つとして転地療法の有効性を説き、一八七五(明治八)年以降に軽井沢や箱根その他(伊香保温泉、有馬温泉など)に転地療養所を設けた。つまり転地療養所は必ずしも温泉地だけではなく、温泉療法と転地療法を組み合わせたものであった。ただし、脚気患者に対しても温泉療養、転地療法がなにゆえ効果をもたらしたのかという解明はどこにも見いだし得ない。そこでこの効果の背景、可能性について考えてみたい。

帝国陸軍が脚気への治療法として温泉療養を採用したのは、すでに江戸時代から実績があったからである。脚気は湯治場の伝統的効能書きの一つ。とくに「脚気川渡《かわたび》」「脚気川場に瘡老神《かさおいがみ》」とうたわれた現・宮城県鳴子温泉郷の川渡温泉、群馬県の川場温泉が知られていた。長野県湯田中温泉には「脚気の湯」という共同湯が今もある。江戸時代を代表する温泉ブランド「箱根七湯」の案内書『七湯の枝折《しおり》』にもそれぞれ効能が記されているが、早川渓谷沿いの箱根湯本、塔之沢、堂ヶ島、宮ノ下温泉の四湯には「脚気」が記され、残る三湯には記されていない。一応の選別があったらしい。

川渡温泉の泉質は重曹硫化水素泉（含硫黄―ナトリウム―炭酸水素塩泉）。脚気の人に限らず「関節の痛みを緩和」し、「松葉杖の人が温泉療養一週間で杖なしで歩けるようになる」とうたう。確かに脚気の典型的な症状を緩和する。そうすると脚気に効く泉質はすべて同じといった秘密があるかといえば、川場温泉はアルカリ性単純温泉、湯田中温泉と箱根の四湯は弱食塩泉で、脚気に効くとされてきた温泉地の泉質に共通性はない。

ビタミンは生理活性物質だが、源泉に含まれる化学的（ミネラル）成分の飲泉効果のほうは脚気には不明で、今日の療養泉の適応症（飲用）にも載っていない。一方、療養泉の浴用における一般的適応症には、「胃腸機能の低下」「筋肉又は関節の慢性的な痛み又はこわばり」「運動麻痺による筋肉のこわばり」「末梢循環障害」が含まれる。なお、泉質別適応症に脚気は含まれない。それでも脚気に《効く》とうたわれた先の温泉地を含めて、いずれも温熱効果の高い高温泉が療養地に選ばれており、よく温まって慢性痛を緩和する効果がある。そして一般的適応症に挙げられた症状は、発症原因はさておいても脚気の症状として表れる食欲減退、胃部停滞、全身倦怠感、さらに下肢の麻痺、末梢神経障害などの改善にも有効だったのではないか。

さらに効果をもたらした要因として、温泉入浴のほかに温泉地、転地療養地での食事を含む生活環境の変化、改善が挙げられる。

当時の温泉地・療養地での食事内容はわからないが、約二十年後の日清戦争時に転地療養所になった湯河原温泉での食事メニューが参考となるだろう。(19) それによると朝食には味噌汁のほかに豆腐、油揚げ、煮豆、鰹節、昼食と夕食にアジやマグロ、ブリ、ムツなどの焼き魚、牛肉、焼き豆腐などが出されている。おそらく兵食よりは品数も地場食材を含む種類も増えているだろう。このように米麦併用の主食が増え、とくに豆類、魚介類などの副菜《おかず》を摂取したことが改善につながったと考えられる。

さらに脚気は夏場に発症しやすかったが、療養地の気候条件の変化や、自然環境の良さから屋外歩行訓練のしやすさといった要素も加えることができるかもしれない。

とにかく温泉(地)は帝国軍隊からこのようにして突然に多大な期待と役割を押しつけられたが、結果としてその期待に応えた。この過程を経て、温泉・転地療養所の設置は常設化する。温泉地も国家の軍事・戦争遂行体制にシステム的に組み入れられていくのである。

帝国の戦争遂行体制に組み入れられる温泉地

日清戦争が始まると、陸軍の東京衛戍《えいじゅ》病院管轄では神奈川県湯河原温泉に一八九五(明治二十八)年六月二十日から翌年三月二十日閉鎖まで約九カ月間、「転地療養所」が開設された。日清戦争時、全国二十五カ所の転地療養所が開設され[20]、そのうち温泉地は湯河原温泉のほかに北から青森県浅虫、宮城県の青根、遠刈田《とおがった》、小原《おばら》の各温泉、新潟県出湯《でゆ》、香川県塩江《しおのえ》、福岡県武蔵《むさし》(現・二日市温泉)、佐賀県嬉野、熊本県阿蘇地方の栃ノ木温泉の十カ所を数える。なお、転地療養所は箱根にも開設されたが、設置場所は元箱根村に属した芦の湖畔であり、当時は温泉地ではなかった。

温泉地での転地療養所で開設が最も早かったのは、香川県丸亀の陸軍予備病院による塩江温泉で、一八九四(明治二十七)年十一月二十六日に開設している。ただし期間は一カ月弱で、十二月二十二日に閉鎖。傷病者約五十名が転地療養に送り込まれた[21]。温泉資源に恵まれない四国、香川県にあって塩江温泉の知名度は高くないが、行基開湯伝承を持つ四国でも古い温泉地で、泉質と泉温も四国には多い硫化水素泉の冷泉である。

東京陸軍予備病院による詳細な記録を残す[22]湯河原(温泉)転地療養所の場合は、収容患者数は一二〇六名に及ぶ。当時「温泉宿十二戸」でそのうち「木賃宿」を除く主な八軒の旅館(藤田屋、富士屋、伊藤屋、湯屋、伊豆屋、箱根屋、上野屋、天野屋)を本部ならびに「病舎ニ徴用」した。温泉入浴は毎日午前六時から午後六時の間に、患者の体質や病症に応じて回数を増減した。

これによって外科的な患者の場合は、疼痛やむくみが治まり、四肢の伸縮、運動機能も回復していった。「患者経過ハ一般ニ佳良ニシテ外科的病症中炎症症状ハ漸次治癒ニ就ケリ」と記す。さらにその他の内科的諸病に対しても、「脚気ヲ除クノ外ハ血色ヲ復シ体重ヲ高ムル等一般ニ特効ヲ呈シタリ」という効果があった。このように脚気にかぎってはまだ難題扱いである。以前より脚気患者は減少したとはいえ、その患者に対する温泉入浴についても、「脚気患者ニハ入浴ヲ禁ジテ僅ニ身体ノ汚染ヲ洗浄スル為メ短時間内ニ於テ稀ニ入浴ヲ許スノミ」という記述が見られ、脚気病対策にどれほど温泉療法を組み合わせていたのかの全体像はなおつかみきれない。

明治 36 年の「相州湯河原温泉真景」（源泉上野屋蔵）

そして次のステージを迎えた。空前の大規模戦争となった日露戦争時、各地の陸軍予備病院が所轄地域内に設置した転地療養所の数は拡大した。前出の山田論稿が引用する陸軍省の『明治三十七八年陸軍軍政史』によると、全国に計五十四カ所。その中から温泉地を抽出すると、二十八カ所と半数以上を占めている。

新しく加わった温泉地は北から順に、北海道登別、青森県碇ケ関《いかりがせき》、宮城県の温泉村（川渡温泉）、鎌先、福島県飯坂、神奈川県塔之沢、静岡県の熱海、伊豆山、修善寺、石川県の和倉、山中、兵庫県の有馬、城崎、鳥取県岩井、島根県の美又《みまた》、有福《ありふく》、山口県湯野、愛媛県道後、福岡県船小屋、佐賀県古湯《ふるゆ》、大分県別府、熊本県日奈久《ひなぐ》温泉の二十二カ所であった。

設置は一九〇四(明治三十七)年六月に始まり、閉鎖された時期では一九〇六(明治三十九)年八月がいちばん遅い。最も長期間に及んだのは、日清戦争時にもとくに外科的炎症、外傷患者の治癒において実績を積んだ湯河原温泉である。

受け容れた温泉地の側はどうだったのか。

湯河原温泉の場合、日露戦争時には主だった温泉旅館十軒はすべて本部や病舎として借り上げられ、期間中毎月平均にならすと約三百〜四百名の範囲で傷病将兵が滞在していたから、一般客を受け容れる余地は限られてしまう。もちろん旅籠料を将兵の位階(少尉以上、下士、兵卒)で区別して支払っていたから、固定収入が見込めてありがたいと思う旅館から、これでは割が合わないと内心思った中高級旅館もあったことだろう。しかし国策であり、当時戦争を大いに歓迎、鼓舞していた世論と、温泉地として療養客を無条件で受け容れるという大義の前に異論は封じ込まれたはずである。

湯河原温泉は元々刀傷や打撲、打ち身への「傷の湯」として評価されており、日清・日露戦争で傷病将兵を多数受け容れ、なかでも外傷患者を中心に治癒、回復、退院する人が多かった事実は新聞報道により広く知れわたった。傷の湯の誉れはますます高く、閑静な避暑・避寒環境の保養・療養温泉地であると名湯の評価を高めたことが、戦後に東郷平八郎元帥をはじめとする著名な政財界軍人や文士から一般利用客まで来訪に拍車をかけたのである。

温泉地、転地療養地の助けも借りて、このように兵営生活や戦争によってもたらされた傷病将兵の治療回復をめざしたわけだったが、温泉療養、転地療養はあくまで期間を区切った措置であった。深刻な損傷を受けた戦傷者や短期に回復の見込みのない病者をどうするか。それには今後の戦争遂行体制を支える恒常的・恒久的な軍事医療システムを整備する必要があった。そのことは温泉地にとって、一時的に温泉・転地療養地として今後とも利活用されるだけでなく、帝国(陸)軍常設の病院制度に組み入れられることにつながっていく。

後者の方針により、一九〇八(明治四十一)年三月三日付で衛戍病院条例の改正が公布され、第三条に示す「衛戍地ノ状況ニ依リ衛戍病院ニ分院ヲ設クルコトヲ得(、)其ノ設置及位置ハ陸軍大臣之ヲ定ム(23)」ることができるようになった。

こうして常設の温泉・転地療養施設として各陸軍衛戍病院の分院が全国五カ所に設立された。その五カ所のうち、候補段階から決定まで温泉地が四カ所を占める。候補段階の温泉地は浅虫、湯河原、山中、別府で、決定されたのは別府のほかに、浅虫に代わって飯坂、湯河原に代わって熱海、山中に代わって石川県山代《やましろ》である。これに従い、熱海には一九一一(明治四十四)年六月に東京第一衛戍病院の分院が開設されている(24)。期間を限った旅館借り上げ方式から、衛戍病院直轄の常設施設としてより療養患者を管理しやすい分院運営への転換であった。

温泉資源保護のために陸軍と闘った山代温泉

陸軍衛戍病院の分院では、唯一温泉地ではない兵庫県岩屋分院を除き、温泉利用がもちろん前提となった。そのためには既成の温泉地という限られた空間の中で広い用地を確保し、限りある温泉資源を専用で利用できるようにしなければならない。

当初の分院候補地だった湯河原から熱海に変更されたケースも、先の高柳友彦の論稿によれば、湯河原では用地となる土地の買収が難航したが、熱海では所有者からの寄付もあって円滑に進み、温泉の手当もできたからであった。しかし温泉の確保が容易ではない温泉地では無理も生じる。この問題から、歴史的に地域が共同で管理してきた温泉資源の保護のために、帝国陸軍相手に裁判に訴えてまで闘った温泉地があったことに注目したい。石川県の山中温泉に代わり、分院設置が決まった山代温泉である。

金沢衛戍病院の山代分院は一九一二(明治四十五)年六月十二日に開設。主管の第九師団管内の衛戍病院のほか、第三師団管内の名古屋、岐阜第一三師団管内の高田、松本第十六師団管内の敦賀等の各衛戍病院から患者を受け容れることになった。分院は当時の山代町でも療養所として実に好適な環境にあった。山代分院開設にあたっては、町民は「町の発展の為大いに之を歓迎し其敷地の如きは全部之を寄附し更に其浴槽に使用する温泉は町から一日八十石宛を現在に至る迄無償で供給しつつある(25)」というように全面的に受け容れ、温泉も無償で地元が提供した。以下、本節でかっこに入れた引用文は、一九三三（昭和八）年に名古屋控訴院が刊行した高橋栄吉著『石川県に於ける温泉の研究』による。

「一日八十石宛」を毎分当たりに換算するとおよそ十リットル。源泉かけ流しにできる湯量ではないが、総湧出量に限りがあった山代温泉としては精一杯の気持で無償提供したに違いない。

金沢衛戍病院が地元の石川県で最初は山中温泉、その代替えで山代温泉に分院を設置しようとしたのは、戦傷者の温泉療養にふさわしい泉質だったことも大きい要因だったと考える。山中温泉の泉質は含芒硝—石膏泉（カルシウム・ナトリウム—硫酸塩泉）。山代温泉は含石膏・食塩—芒硝泉（ナトリウム・カルシウム—硫酸塩・塩化物泉）で、いずれも「傷の湯」として評価される泉質や成分を多く含んでいた。こうして分院設置を喜んで受け容れた地元が陸軍とどのようにして対立するに至ったのか。

発端は、陸軍が町から無償提供された「分院敷地内に温泉湧出を目的として深さ六百尺（約一八三メートル：筆者注）の深井掘鑿を計画した事」にある。「右計画は陸軍側が従来の如く治療用の温泉を山代側の供給に待つは不便なりとして、専門家の鑑定を需《もと》めた結果右敷地内に温泉湧出の可能なることを知り之を為されたもので、陸軍側では第一温泉が湧出しなくとも飲料水を得られれば差閊《さしつかえ》なしとして、遂ひに昭和五年二月二十一日之が実施を決行するに至った」ものであった。敷地内で掘削を行うにあたっては、これを知った温泉地側から非難が起きたが、「陸軍側は山代の温泉に影響なしとの鑑定を信頼して一切介意しなかった」。

陸軍はかまわず掘削を進める。掘削の深度が「深さ四百八十一尺（約一四六メートル：筆者注）に及んだ際、俄然として摂氏約六十度の温度を有する温泉の湧出を見るに至った。所が、之と同時に山代温泉数ヶ所の泉元（源）が全部急激に湧出量を減じたので温泉宿側は大恐慌を来し」た。ここに至って同年三月に山代鉱泉宿業組合に集う旅館経営者ら十七名が掘削工事禁止と現状復帰工事請求の仮処分を求めて提訴。同年七月に申請通り、一審の金沢地裁で仮処分決定が認められた。これに対して陸軍（第九師団）は名古屋控訴院に控訴したが、これも同年九月に棄却。陸軍側は大審院に上告した。帝国陸軍の面目にかけても絶対負けるわけにはいかなかった。

しかし一九三二（昭和七）年、大審院も陸軍側の上告を認めず、裁判闘争は山代温泉地元側の勝利に終わった。上告を棄却した理由は、たとえ国家が自分の土地といえども温泉を利用するにあたっては、他人の有する温泉利用権を侵害しない範囲にとどめるべきで、もし故意または過失で他人の有する温泉利用権を侵害したときは不法行為として責任を免れ得ない、ということであった。飛ぶ鳥も落とす、最も強大な国家組織とみなされていた陸軍の強引さに温泉地が待ったをかけたのである。

これまで自然湧出泉主体で長く温泉を利用してきた温泉地では、掘削すること自体が温泉源に大きな影響を及ぼす。それなのに提供を受けた土地の敷地内で所有権はもはや自分にあるとばかり、地元と相談せず掘削を進め、よしんば温泉が出なかったとしても飲用の地下水が得られるならそれでもよし、というのは、温泉地の実情を理解しない不遜な態度というしかない。国家の戦争遂行によって傷病に至る将兵を自然の恵みたる温泉を利用して療養させようと考えるのであれば、温泉地と協力しあって事を進めるべきだった。

帝国陸軍は当該温泉地の歴史的な蓄積・経過を知らなかったか、甘く見ていたことになる。加賀国、石川県は山中、山代、粟津、湯涌《ゆわく》、和倉、そして明治期に誕生した片山津温泉に至るまで、歴史ある温泉地の中心（広場）にすべて「惣（総）湯」と名づけた地域共同管理による共同湯を伝統的に保つ、日本の温泉史において画期的な地域であった[26]。

人の努力で産み出したものではない天与の温泉資源こそ地域共同体みんなの資源＝コモンズである、という基本的かつ普遍的な考え方がそれを支えてきた。湧出量がとりわけ豊富で、泉源も複数あれば宿や民家に一定引湯しても構わない。だが、そうでなければ温泉資源の持続可能な利用のために、入浴等の利用は何より地域共同で管理運営する共同湯を優先させるやり方を維持してきた。そのため主泉源が一カ所しかなかった山中温泉はもとより、泉源が複数あった山代温泉でも温泉資源の保護と地域管理を大切にし、これを脅かす身勝手な行為に対しては宿仲間相手でも裁判も辞さない姿勢でこれまでも臨んできたのである。

山代温泉の共同湯「古総湯」

さて、陸軍が大審院でも敗訴した一九三二(昭和七)年には、すでに満州事変に続いて上海事件も勃発し、三月には「満州国」建国を宣言していた。日中戦争突入目前の時期で、まだ多数の戦病将兵を生むには至っていないが、温泉・転地療養所たる山代分院としても温泉の安定的利用のための湯量確保に不安を抱いており、温泉地側もこれについては理解し、歩み寄ろうと努めた。

こうして四年後の一九三六(昭和十一)年に山代鉱泉宿業組合は陸軍と和解し、協定を結んだ。協定によって従来の湯量を上回る一日二百石、つまり毎分当たり二十五リットルの湯量を分院は確保できるようになった。そのために分院・陸軍側が掘削した温泉井をその限度内において利用してこの湯量確保に充てている。療養温泉地側の現実的な配慮の表れだった。

日中・太平洋戦争と温泉地・転地療養所

社団法人日本温泉協会が一九四一(昭和十六)年十月に発行した機関誌『温泉』に「人口国策と温泉」という記事が載っている。

同記事では、「近来日本の人口は段々減少の趨勢を示して来て皇国の将来に憂ふべき事態を認むるに至った」と、現在の日本のことかと見まがう警鐘を鳴らし、「根本的にはお互の躰を丈夫にして病気にならないやうに気を付けて……お國の為になると同時に、人口増殖に付ての御奉公をして頂かなければならぬ」と言う。そのためには「医学が従来治療的であったものから新たに予防的な役割が強調されてきたと同じように、温泉も亦『療養より厚生へ』を目ざして経営されねばならぬ時代であります……少数の病者を癒やすことよりも、国民全体の健康を保持させ、体位を向上せしめて、未然に病患を防ぐことの方が国家的に遙かに意義あること…その重大な役割を果たす上に於て、温泉ほど自然にして快適なるものはない」ので、温泉が本来の使命を達成できるよう努めるべきだと述べている。

今日の人口減少問題が労働力不足や年金、社会保障制度面から論じられるのに対して、元気な人口の増加は兵力増につながり、「国家総力戦の遂行上……お國の為」になるから、人口国策上も温泉(地)は予防医学的に国民の健康保持に役立つよう貢献すべきだ、というのが記事の主張だ。軌を一にするかのようにこの頃、新潟県松之山温泉のとある温泉旅館では「温泉報国・健康報国」を唱えていた。温泉(地)も国家総力戦に組み入れられるようになった時代をさし示している。

一九三七(昭和十二)年七月、中国大陸全土に帝国軍が侵攻、展開する日中戦争(「支那事変」)が勃発すると、衛戍病院分院にとどまらず、温泉地が再び転地療養所として使われる事態を迎えた。

「支那事変による名誉の負傷者が寒気と共に重傷のあとに痛みを覚(え)たる等のため道後温泉に療養所を設け温泉療法を行ふ計画……」[27]

道後温泉に関する先の高柳友彦の論稿が紹介する、一九三七年十一月二十二日付『海南新聞』記事の一節である。高柳によると、同年十二月には香川県善通寺を根拠地とする第十一師団軍医部長、経理部長らが道後を訪れ、道後湯之町(現・松山市)当局と打ち合わせや視察を行った結果、「道後公会堂に浴室その他付属建築を増築し、現在の道後温泉の湯を引きドンコ堀の湯を混じて使用」(前出『海南新聞』十二月二日付)することが内定した。

道後温泉ではただちに十二月三十日より患者を収容し始めている。日中戦争以降戦傷病者が増加の一途をたどり、それほど切迫していたと言える。このようにして全国各地の主だった温泉地に順次、転地療養所が設けられていく。

箱根では正式名称「臨時東京第一陸軍病院箱根臨時転地療養所」が、一九四二(昭和十七)年四月に箱根湯本温泉に開設された。箱根旅館協同組合編『箱根温泉史——七湯から十九湯へ』によると、「第一次収容の傷病兵は三〇〇人であった。勤務した軍医官、衛生下士官及び兵並びに看護婦はすべて陸軍省東京第一陸軍病院の人達で、看護婦はその他に日本赤十字社の救護看護婦が召集されていた」という。東京第一陸軍病院はその前身が東京(第一)衛戍病院で、現在は国立国際医療研究センター(新宿区戸山)になっている。

同書によると、箱根臨時転地療養所は戦争後期の一九四四(昭和十九)年一月に臨時東京陸軍病院箱根分院と改称した。開設当初は、転地療養所本部も置いた箱根湯本温泉の「三昧荘」(現・湯本富士屋ホテル)のみが病舎だったが、戦局の拡大とともに傷病軍人が増えたため、改称された昭和十九年一月には療養所施設(病舎、衛生兵や看護婦の寮)を増やしている。

箱根分院の一月以降の分散施設は旅館九軒をあてがい、収容患者数は延べ概数で一六八〇名。九軒のうち四軒は箱根湯本温泉で、先の三昧荘に吉池旅館、万寿福旅館など。残る五軒は塔之沢温泉の一の湯旅館、環翠楼、塔之沢福住楼などで、当時同じ湯本町に属していた。旅館ゆえ病室は畳敷きが基本で、一部はベッド式にしている。

箱根分院では、箱根の温泉資源を活かした温泉療法として温泉泥治療法にも取り組んだ。大涌谷から温泉泥を採取して木箱に詰めて運び、分院本部（三昧荘）の特別室で患部に塗布したり、泥浴を行っている。これは身体を深部からよく温めて保温効果も高く、骨折や打撲、リウマチ等に効果があった。また、比較的元気な傷病兵は原隊復帰を予想して体練に努め、遠出の外出訓練も行っていた。

同書はまた、箱根分院の施設として温泉旅館を指定した際の条件も記している。指定の際は軍病院ではなく、当該軍管区（師団）経理部があたり、まず旅館組合と折衝した。旅館建物からその家族が居住する空間を除いた規模（施設面積）が適当であるかどうかが軍側の条件としては大きかった。賃貸契約締結にあたっては、建物から什器類に至るまで破損その他の被害に対して全額補償の対象としている。

最後に、転地療養所の終焉の様子についても同書は記している。「終戦の詔勅が発せられ戦争は終わった……総指揮官が軍医官であった箱根分院では統制が失われて、元気な傷病兵はいち早く無断で帰郷し、各宿（病）舎には重病患者だけが残された。やがてこの四〇〇名は、三昧荘に集められ、その他の旅館は九月三〇日

箱根の転地療養所施設の一つだった塔之沢温泉「環翠楼」

分院宿舎指定を解除された。その後重症患者は、医療器材と共に、トラックで熱海陸軍病院に移された」

こうして箱根湯本・塔之沢温泉にまたがる温泉・転地療養所「箱根分院」は一九四五(昭和二十)年十二月一日、正式に閉鎖された。ほかの温泉地に設置された分院、転地療養所もおそらく似たような経過をたどって閉鎖されたことだろう。

学童疎開を受け容れた温泉地の記憶

押し進められる戦争遂行体制がもたらす戦傷病将兵を温泉地が温泉・転地療養所、分院として受け容れたことについて述べてきた。受け容れたのは将兵ばかりではない。国家総動員・総力戦と銘打たれた太平洋戦争の末期に及ぶと、地方の寺院や学寮などと並び温泉地が受け容れることになったのは、学童(とくに国民学校初等科児童)たちであった。集団学童疎開の始まりである。

子供たちが温泉場へ避難する――これは平和な避難所、アジールたる温泉地本来の役割と言うべきだろう。しかしながら学童疎開の歴史を研究した教育学者の佐藤秀夫は、この「疎開」という言葉は日本では「純然たる軍事用語としてのそれであった[28]」と指摘する。佐藤は、帝国陸軍では「火砲の発達や空爆などの採用など戦場での攻撃破壊力が著しく強化されるようになってから採用された、比較的新しい用語と考えられ」、「分隊・小隊などの部隊単位をもってその相互の間隔を開く動作または状態を『疎開』と称した」として、そこに避難や撤退を意味する「英語(evacuation)やドイツ語(Evakuation)とは相対的に異なる、日本語としての『疎開』の特色があった」と述べている。

疎開という言葉が戦争当時どのように理解されていたか。「疎開の号令は逃げ腰になれといふのではは断じてない　敵をむかへ撃つ構へをとれ、といふのである」(『写真週報』一九四四年第三百十一号所収、「時の立札」より)という一文に正確に説明されている、という。学童疎開は、「防空の足手まといを去って、防空態勢を飛躍的に前進せしめること……次代の戦力を培養する……帝国将来の国防力培養[29]」が目的でもあった。

あくまで戦争遂行上の発想だったから、事実として「日本の疎開はイギリスやドイツなどに比べてはるかに遅れ、敗戦の直前になって準備不足のまま泥縄式に実施された」ことを佐藤は指摘する。イギリスでは早くから国土爆撃に備えて住民を大都市から移動させる構想、疎開計画が練られ、ナチスドイツの侵略政策が展開され始めて欧州大戦の再発が必死とみなれた頃から学童疎開への具体的準備を進めた。侵攻側のドイツでも大戦開始一年後の一九四〇年九月には、イギリスによる前月八月ベルリン初空爆で死者が出たのを受けて、「危機にさらされている青少年を田舎へ送る[30]」ことを決め、十月には学童疎開を開始している。

日本で「疎開」という言葉が登場するのは一九四一(昭和十六)年十一月二十五日付防空法一部改正による。翌昭和十七年四月十八日には、早くも米空軍による東京、名古屋、京都への本土初空襲があった。昭和十八年十二月十日に文部省は、東京、大阪、横浜等の大都市に住む学童の縁故疎開促進を発表した。そして昭和十九年三月に東京都は学童疎開奨励に関する通牒を各区長宛てに出し、五月以降は縁故のない学童が利用する施設「戦時疎開学園」を順次開設した。

同年六月には、米軍がサイパン島に上陸してB29による北九州爆撃が行われる中、六月三十日緊急に「学童疎開促進要綱」を閣議決定する。それでも国民の動揺を抑えるために閣議決定自体「極秘」とされた。そうしておいて七月二十日には学童集団疎開を実施する都市として東京、横浜、川崎、名古屋、大阪、神戸など十三都市を指定し、約四十万人の学童疎開を想定していた。

先の六月三十日閣議決定にも「学童ノ疎開ハ縁故疎開ニ依ルヲ原則トシ」とあって、縁故親戚を通じた世帯単位や単身疎開を推奨しており、それが難しい学童について集団疎開を実施するとした。ちなみに七月七日付「帝都学童集団疎開実施要領」では、疎開学童の範囲は「区部国民学校初等科三年以上六年迄ノ児童」で「親戚縁故先等ニ疎開シ難キモノ」としている。その時点で疎開先は関東地方(当初は神奈川県を除く)及びその近接県とされ、疎開先の宿舎として、受入地方において余裕のある旅館、集会所、寺院、教会所、錬成所、別荘等を借り上げ、集団的に収容することとした。学童が携行するのは寝具、食器その他最少限度の身の回り品にとどめられた。

温泉療養を必要条件とした傷病将兵と違い、学童疎開の場合は温泉の存在は前提にはなっていない。しかし実際には、空襲の危険性が少ない地方にあって大勢が宿泊滞在できる収容能力を備えた旅館・設備をそろえているのは温泉地が主だったから、結果として温泉地が疎開学童を多く受け容れたことになったと考えられる。あるいはこれはあくまで想像に過ぎないのだが、アメリカが実際に京都のみならず熱海や別府を空爆しなかったように、戦争指導部の脳裏にも、歴史的に《平和な避難所》たり得た非武装で軍事施設・軍需工場もない温泉地をよもや米軍が爆撃しないだろうという期待がひそんでいたのかもしれない。

実際に、大きな温泉町や温泉郷の受入態勢にはめざましいものがあった。

箱根では、一九四四(昭和十九)年七月二十一日に箱根温泉旅館施設組合(当時:現・箱根温泉旅館協同組合)理事会が受入れを決め、臨時総会で「県当局ヨリ県下学童集団疎開ニ協力スベキ旨ノ懇請ニ対シ当組合旅館ハ進ンデ之ニ協力スルコト」を決議した[31]。神奈川県では横浜、川崎、横須賀の三都市の国民学校が集団疎開の対象で、箱根はそれによって横浜市の約二万五千人とされる学童の受入態勢を整え、各温泉地の旅館への割り当てを決めた。そして八月初旬に第一陣が箱根に疎開し、下旬には第一次疎開が完了した[32]。なお、神奈川県の温泉地では、湯河原温泉も横浜市の学童を受け容れている。温泉場ではない湯河原町内のほかの旅館・公会堂を含めると、その数は約二二八〇人[33]に及んでいる。

受け容れた学童数は約七千人(『箱根温泉史』の表では七一七五人)。疎開校は二十四校に及ぶ。受入旅館は四十五軒で、温泉地としては玄関口の箱根湯本温泉から山上近い強羅《ごうら》、仙石原《せんごくはら》、姥子、芦之湯温泉までほぼ全山にわたっている。旅館一軒の受入学童数は、少ない所で二十~三十五人から多い所では三百~四百人に達している。「旅館ハ家ヲ貸付ケ食事ヲ請負フコト」になっていた。

これには箱根の全七カ町村(当時)が「疎開児童受入協力委員会」をつくって協力した。箱根温泉旅館協同組合編『箱根温泉史』によると、歓迎のしるしとして学童たちに「馬鈴薯ノ塩茹デ」「麦湯」などを提供した。食費は「一人一カ月二十円」で、「学童ハ一日米三合三勺《しゃく》トス野菜ハ一人一日三十匁(約百グラム：筆者注)トス」と定められ、ほかに「漬物トシテ蕪《かぶ》及海苔《のり》佃煮」が町村単位で所定の数量分配給された。旅館側も学童の食事には配慮したが、戦局の悪化から主に芋や野菜の雑炊だけになった食事のその野菜にもこと欠くようになり、学童たちは野草摘みや沢ガニ取りをするようになったという。

集団学童疎開で最大となる約二十万人を占めたのが東京都である。疎開先は東京の多摩郡部や近隣の千葉、埼玉から栃木、群馬、茨城、静岡、山梨、長野、新潟、富山の各県、東北地方では二次・再疎開先まで含めると福島、宮城、山形、岩手、秋田、青森各県の計十七都県に及んだ。その中で単一温泉地として最大級の学童数を受け容れたのが群馬県草津町の草津温泉であり、温泉地が集まる温泉郷としては宮城県鳴子町の鳴子温泉郷が最大級ではないか。それに続くのが長野県山ノ内町の湯田中渋温泉郷、松本市の浅間温泉、静岡県熱海温泉、群馬県伊香保温泉で、受入学童数は二千〜三千人台に達した。

草津温泉が受け容れたのは淀橋区(現・新宿区)の疎開学校中、十二校の学童三五二八人。(34) 淀橋区の国民学校計十八校の疎開先には、ほかに茨城県・群馬県の一町六村と川原湯温泉(一校、二四〇人)が含まれていたが、草津温泉が大半を引き受けている。旅館かどうか判明しない施設を含むので正確とは言えないまでも、それらを除外してみた受入旅館数は大小合わせて七十軒以上に及ぶ。

宮城県鳴子町の鳴子温泉郷は中心となる鳴子温泉と東鳴子、川渡、中山平温泉の四温泉地によって構成されている。鳴子温泉郷では、小石川区からまず三七九五人、浅草区からは一八一四人の学童を受け容れた。小石川区はすべて宮城県に疎開しており、鳴子温泉郷以外の松島町に疎開した学童五七九人も鳴子温泉郷川渡温泉に再疎開したので、鳴子温泉郷による小石川区学童受入人数は計四三七四人[35]。そうなると鳴子温泉郷は東京都の学童を両区合わせて六一八八人受け容れたことになり、箱根全体の温泉地にせまる規模であったことがうかがえる。

本節で多く引用し、集団疎開学童数算出の基礎資料にさせてもらった全国疎開学童連絡協議会編『学童疎開の記録』(大空社刊、一九九四年)全四巻は、学童疎開に関する貴重な記録と研究の書である。とくに『学童疎開の記録Ⅰ　学童疎開の研究』第Ⅲ部に収録された東京都、神奈川県(横浜、川崎、横須賀各市)、愛知県(名古屋市)、京都府(京都、舞鶴各市)、大阪府(大阪、堺、布施、守口各市)、兵庫県(神戸、尼崎、西宮、芦屋各市)、広島県(広島、呉各市)にわたる「学童集団疎開先一覧表」は、各都市区・学校名と人数、疎開先の府県市町村名、収容施設名を詳細に調査集計した労作で、第一級の学童疎開史料となっている。

ただ、温泉地という特定の対象に絞れば、同一覧表にはときに「栃木県塩谷郡塩原町塩原温泉」と疎開先の温泉名まで記されている記載例はあっても、きわめて限られている。そこで、たとえば「宮城県玉造郡川渡村　藤島旅館」というように、疎開先市町村名と(大)字地名ならびに収容旅館名を手がかりに、集団学童疎開を受け容れた全国の温泉地がどれだけ含まれていたのかを解明する基礎データ作成を試みた。
その際、町村名と字地名から当時の温泉地の所在が推測できても、そこに記載された収容旅館名に心当たりがない場合、果たして温泉地に該当しているのか判別しづらい。そのため、とくに大正・昭和の時代を通じた戦前のロングセラーガイドである鉄道省編『温泉案内』の各紹介温泉地毎に記載されている旅館名との照合を行った。先の「学童集団疎開先一覧表」を基に、以上の作業を通じて抽出した温泉地名を二つの表に示す。

まず表2は、東京都の学童集団疎開を受け容れたことが判明した温泉地の一覧である。そこから受入温泉地は十四県にわたり、計九十三温泉地に及ぶ。内訳は最大の福島県と長野県がそれぞれ十七温泉地。次いで群馬県が十五温泉地。山形県が十一温泉地である。

受入温泉地は現在も基本的に変わりないが、いくつか例外はある。たとえば福島県の「飯坂・湯野」温泉は今日飯坂温泉に含まれるため一カ所と算出したが、当時は隣接する別々の温泉場だった。同じく長野県里山辺村の「里山辺」温泉は当時の温泉名で「湯の原」「御母家《おぼけ》」など複数の近隣温泉地の総称で、現在は美ヶ原温泉にあたる。これも一カ所と算定した。新潟県湯沢町の湯沢温泉は現・越後湯沢温泉。静岡県の古奈温泉と長岡温泉は温泉場として当時は分かれていたが、現在は伊豆長岡温泉に統合されたので、これも一カ所とみなした。

続いて横浜市を除き、全国主要都市からの学童集団疎開を受け容れた温泉地を表3に示した。この中で川崎、横須賀、京都、堺、布施（現・大阪市）、守口、西宮、芦屋、広島、呉の各市は温泉地

(表 2)東京都の学童集団疎開を受け容れた温泉地

県名	温泉地名	疎開校区	県名	温泉地名	疎開校区
青森	大鰐	荏原区	福島	母畑	荒川区
岩手	志戸平	本所区		土湯	荒川区
	湯川	本所区		高湯	荒川区
秋田	大滝	蒲田区	栃木	鬼怒川	芝区
山形	温海	江戸川区		川治	芝区
	瀬見	江戸川／城東		塩原温泉郷	芝／本郷区
	湯田川	江戸川区	群馬	草津	淀橋区
	赤湯	江戸川／城東		川原湯	淀橋区
	湯野浜	江戸川区		伊香保	王子区
	上山	城東／豊島		八塩	王子区
	蔵王高湯	城東区		沢渡	滝野川区
	小野川	城東区		四万	滝野川区
	赤倉	城東区		磯部	板橋区
	湯田	城東区		大穴	板橋区
	東根	豊島区		川場	板橋区
宮城	鳴子	小石川区		湯宿	板橋区
	中山平	小石川区		湯桧曽	板橋区
	川渡	小石川／浅草		水上	板橋区
	東鳴子	小石川／浅草		谷川	板橋区
	小原	浅草区		老神	板橋区
	遠刈田	浅草区		猿ヶ京	板橋区
	秋保	浅草区	茨城	袋田	向島区
	鎌先	浅草区	新潟	出湯	深川区
福島	岳	牛込区		瀬波	深川区
	会津西山	下谷区		湯田上	深川区
	東山	下谷区		(越後) 湯沢	世田谷区
	中ノ沢	下谷区		赤倉	葛飾区
	横向	下谷区		妙高	葛飾区
	熱塩	下谷区	長野	上山田	世田谷／豊島
	川上	下谷区		上諏訪	中野区
	沼尻	下谷区		下諏訪	中野区
	翁島	下谷区		鹿教湯	杉並区
	いわき湯本	中野区		別所	杉並区
	磐梯熱海	荒川区		沓掛	杉並区
	飯坂・湯野	荒川区		田沢	豊島区
	芦の牧	目黒区		戸倉	豊島区
	湯野上	目黒区		上林	豊島区
静岡	熱海	大森／蒲田／渋谷		安代	豊島区
	伊東	大森／蒲田／渋谷		湯田中	豊島／足立
	古奈・長岡	大森／荏原		渋	豊島区
	船原	大森区		角間	豊島区
	修善寺	蒲田／渋谷		山田	豊島区
	土肥	蒲田／渋谷		野沢	足立区
山梨	下部	四谷区		浅間	世田谷区
	塩山	目黒区		里山辺	世田谷区
	湯村	目黒区	富山	宇奈月	蒲田区

(注)全国疎開学童連絡協議会編『学童疎開の記録Ⅰ』第Ⅲ部「学童集団疎開先一覧表」にもとづき、疎開先から温泉地を筆者が調査・抽出して一覧にした。

(表3)学童集団疎開(東京都・横浜市以外)を受け容れた温泉地

県名	温泉地名	疎開元の市	県名	温泉地名	疎開元の市
岐阜	下呂	名古屋市	石川	山代	大阪市
京都	木津	舞鶴市		山中	大阪市
兵庫	城崎	神戸市	福井	芦原	大阪市
	浜坂	神戸市	鳥取	岩井	神戸市
	湯村	神戸市		吉岡	神戸市
	有馬	尼崎市		三朝	神戸市
				浅津(羽合)	神戸市

(注)全国疎開学童連絡協議会編『学童疎開の記録Ⅰ』第Ⅲ部「学童集団疎開先一覧表」にもとづき、疎開先から温泉地を筆者が調査・抽出して一覧にした。

には疎開していなかったことがわかる。一方、名古屋、舞鶴、大阪、神戸、尼崎の五都市の学童が六府県、計十三カ所の温泉地に集団疎開していた。このうち鳥取県の「浅津」温泉は現・羽合温泉のことである。

二つの表を集計すると、集団疎開学童受入温泉地は一〇六カ所。二十府県となる。これには横浜市の学童を受け容れた箱根の温泉地をさらに加えなければならない。先の一覧表記載の受入旅館名を当時の各温泉地毎の旅館名、及び『箱根温泉史』に記載された戦後すぐ再開した各温泉地旅館一覧で検証しながら照合すると、受入温泉地は箱根湯本、宮ノ下、堂ヶ島、底倉、小涌谷《こわきだに》、強羅、仙石原(上湯、下湯)、姥子、芦之湯、元箱根[36]の十温泉地となる。当時あった箱根の温泉地としては塔之沢、木賀の二温泉が該当していない。

こうして全体的には二十一府県にわたる総計一一六温泉地が集団疎開学童を受け容れた。実際にはこれ以外にも数多い縁故疎開者が地方の温泉地にも居たことだろう。戦争の時代に温泉地が受け容れた学童疎開は、想起すべき貴重な記憶である。

このようにして日中・太平洋戦争末期の約一年間、多くの温泉地も学童を受け容れ、爆撃による生命の危険を避ける場、避難所（アジール）となった。それらの温泉地は今も癒しや安らぎを求める人々を受け容れ、当時の旅館の多くも健在である。かつての疎開学童は七十代終わりから八十代前半の世代に達している。疎開した者も温泉地の側も、そしてとかく健忘しがちな国民も、その体験と記憶をもっと伝え広めていくことが重要ではないかと考える。

注および参考文献

(1)早稲田大学蔵書目録所収ならびに小笠原真澄・小笠原春夫編著『訓解　温泉（一本堂薬選続編）』を参照。
(2)これについては阿岸祐幸『温泉と健康』（岩波新書、二〇〇九年）、一二一～七頁で詳しく紹介している。
(3)塩浸温泉の発祥や幕末の様子については、塩浸温泉龍馬公園案内パンフを参考にした。
(4)高木善助『薩陽往返記事』、『日本庶民生活史料集成　第三巻　探検・紀行・地誌』（三一書房刊）収録より引用。
(5)西郷隆盛と温泉のかかわりについて筆者の言及初出は『温泉で、なぜ人は気持ちよくなるのか』（講談社プラスα新書、二〇〇一年）で、『温泉巡礼』（ＰＨＰ研究所刊、二〇〇六年）「西郷隆盛　温泉の愛し方でその人がわかる！」でも取り上げている。
(6)三島亨『日当山温泉南洲逸話』、復刻改訂版（高城書房出版、一九八八年）。
(7)西郷隆盛の足跡、年月日に関しては、五代夏夫編『西郷隆盛のすべて』（新人物往来社、一九八五年）収録の詳細な「西郷隆盛年譜」（山田尚二編）をとくに参考にした。
(8)前出(6)による。
(9)香春建一『西郷臨末記』（尾鈴山書房、一九七〇年）による。
(10)大西郷全集刊行会編『大西郷全集』（平凡社、一九二七年）所収より。
(11)前出(9)による。
(12)山田明「明治期陸軍転地療養と湯河原・箱根・熱海」『日本福祉教育専門学校研究紀要』第15巻第1号収録、日本福祉教育専門学校、二〇〇七年。
(13)一橋大学の高柳友彦は、「一九三〇年代における温泉経営の展開と転地療養所運営　道後温泉を事例に」『三田学会雑誌』一〇七巻三号(二〇一四年)をはじめ、傷病兵を中心にした近代日本の軍隊と温泉地のかかわりについて熱海温泉を中心に考察を行っている。
(14)箱根温泉旅館協同組合編『箱根温泉史　七湯から十九湯へ』(一九八六年)。
(15)前出(12)より引用。
(16)陸軍省医務局の陸軍衛生事蹟編纂委員会編『明治二十七八年役陸軍衛生事蹟』第三巻「伝染病及脚気　下」による。表題のように脚気を伝染病扱いしていた。
(17)前出(16)、第四巻「戦傷」第一編、戦傷統計による。
(18)前出(12)より引用。
(19)東京陸軍予備病院編『東京陸軍予備病院衛生業務報告』後編(一八九八年)、第五編：転地療養所紀事、第二章湯河原転地療養所より。
(20)西川義方著『温泉と健康』(南山堂書店、一九三二年)より。
(21)香川県図書館協会編『讃岐ものしり事典』(一九八二年)より。
(22)前出(19)より。
(23)国立公文書館デジタルアーカイブ「衛戌病院条例改正・御署名原本・明治四十一年・勅令第二十五号」より。
(24)分院の候補地から決定に至る変遷については、前出(12)ならびに高柳友彦による「近代日本における戦争と熱海　傷病兵を中心に」(二〇一四年)も参考にした。
(25)高橋栄吉『石川県に於ける温泉の研究』(名古屋控訴院、一九三三年)より引用。
(26)石川県における惣(総)湯の考察については、山中温泉を中心に、石川理夫「石川県山中温泉『総湯』の成立過程と〈総有〉の歴史的考察」(『温泉地域研究』第六号所収、日本温泉地域学会、二〇〇六年三月)を参照。
(27)前出(13)、高柳友彦「一九三〇年代における温泉経営の展開と転地療養所運営　道後温泉を事例に」(『三田学会雑誌』一〇七巻三号)より。
(28)佐藤秀夫「総論　学童疎開」(全国疎開学童連絡協議会編『学童疎開の記録Ⅰ　学童疎開の研究』所収、大空社、一九九四年)より引用。同文中に続く括弧内引用も同じ。

(29)前出(28)『学童疎開の記録I』所収、東京都長官大達茂雄の一九四四年七月十六日付国民学校長会議における訓示より。
(30)前出(28)所収、イリスの会「外国の学童疎開」より引用。
(31)前出(14)ならびに田村茂「学童集団疎開に関する史料紹介　箱根温泉旅館施設組合の会議録」(国士舘大学文学部『人文学会紀要』第22号、一九九〇年三月)より。
(32)横浜市学童の箱根への集団疎開開始と第一陣完了の日程と学校名については、前出(31)の二つの資料に違いが見られる。
(33)前出(28)『学童疎開の記録I』第Ⅲ部「学童疎開先一覧表　神奈川県」にもとづき、疎開先から湯河原温泉のみ抽出して集計した。
(34)前出(28)より、第Ⅲ部「学童疎開先一覧表　東京都」の「淀橋区」各学校の疎開人数から疎開先草津町の草津温泉にある旅館のみ抽出して集計した。なお、東京都編『資料　東京都の学童疎開　教育局学童疎開関係文書』(一九九六年)三三三頁、東京都教育局「学童集団疎開宿舎移転計画案」一覧表では、草津町(草津温泉)は「収容児童数　三八二一人」となっているが、これは計画上の収容児童数と思われる。
(35)前出(28)、第Ⅲ部「学童疎開先一覧表　東京都」より、鳴子温泉郷に属する旅館のみを抽出して疎開学童人数を集計した。
(36)芦ノ湖南岸の元箱根温泉は当時元箱根村にあって宿泊施設も多く、『箱根温泉史』や鉄道省編『温泉案内』に記載されている。温泉も利用されていたようだが、詳細は不明である。現・芦ノ湖温泉に該当するが、芦ノ湖温泉は昭和四〇年代に芦之湯温泉周辺、湯ノ花沢で掘削・蒸気造成した源泉を引湯している。

終章　逆手にとられる〈温泉の平和〉

監視する者、《横取り》する者

第三章でヨーロッパの名だたる温泉地を足繁く訪れたゲーテ（一七四九～一八三二）についてふれた。ヨーロッパでは各国の皇帝・国王・女王や大臣、いわゆるセレブ御一行から政治的亡命者までが国境をまたいで著名温泉保養地に集う。そのため治安当局も温泉地で監視の目を怠りなかった。キリスト教の新旧各派、潜在的な敵国などへの警戒心が、平穏・平和を保って万人を受け容れる温泉地を抱える諸国の内部にひそんでいたのだ。

ゲーテも文豪としてではなく、神聖ローマ帝国内でプロイセン王国寄りのワイマール公国の大臣としての立場が監視対象となった。これは直接、温泉地での出来事ではないが、ゲーテが憧れのイタリアに「メラー」という変名で突然旅立ち、シチリアの温泉地シャッカについても記述した有名なイタリア紀行の際、分裂国家イタリアに影響力を持つオーストリア政府の密偵がゲーテの不在中に居住先を家宅捜索した。しかし密書らしきものは何ひとつ無く、女性への恋文しか出てこなかったというエピソードもある。[1]

したがってオーストリア帝国お膝元のボヘミアでゲーテが好んだカールスバート（チェコ名カルロヴィ・ヴァリ）やテプリッツ（チェコ名テプリッェ）、マリーエンバート（チェコ名マリアンスケー・ラーズニェ）など有名温泉地にあっては、すべてに警察による監視の目が行き渡っていた。ゲーテが何月何日何をしたか、だれそれが催すパーティーでもっぱら夜を過ごすとか、だれとよくどんな会話を交わし、仲が良いのはだれで、ハプスブルク家オーストリアが国教にしていたカトリックへの見解はどうかとか、[2] 行動パターンまで詳しく報告対象になっていたのである。ゲーテ七十四歳にして求婚するも失恋に終わった十九歳のウルリーケとの、マリーエンバートでの三年越しの家族ぐるみの親密な付き合いも、当局による無粋な記録として残されたらしい。保養客の安全と〈温泉地の平和〉は自分たちこそ守っているのだと言いたげに。

しかしそれも無用な心配となった。ゲーテについて言えば、最後の恋の終焉とともにその想いを芸術的に昇華させた作品『マリーエンバートのエレギー（悲歌）』を残し、温泉地を訪れることはそれから八年余、八十二歳でなくなるまでもはやなかったのだから。

本節見出し中にある《横取り》という言葉は、今日の資本主義社会ではもとより適切ではない。温泉資源のある土地に対しても一応の対価、なにがしかの代金や品物を渡して個人が購入した、きわめて正当な売買、経済行為だからというわけである。したがってここはせめて《独り占め》という表現が妥当だが、先住者やこれまで自由に利用してきた人たちの存在を想起してもらうためあえて用いた。いずれにせよ、支払った対価が本当に取引上適切、妥当であったかも疑わしい。詳細にはふれられないが、ある側面では温泉資源や温泉地が歴史的にどのような変遷をたどったかについて述べよう。

同じく第三章で、アメリカではネイティブ・アメリカン諸族が温泉場を「争い事をしてはならない平和な癒しの聖地」とみなしていたことにふれ、所有概念の違いに言及した。再確認すると、温泉は大地を司る「グレート・スピリッツ」はじめ聖霊や創造主からの贈り物だから、だれしも自由に恵みにあずかれるもので、特定の人間、部族が独占、所有するものではないと考えられていた。これは今日、地域資源共同管理による持続可能な利用という観点から世界的に再評価されているコモンズ概念と共通する。コモンズ的な資源管理は個人的所有概念と相容れないものではなく、むしろ共存させて活用すべきものである。

しかし、新大陸を「発見」し、乗り込んできたヨーロッパの植民者はそう思わなかった。しかしながら、そこにはネイティブ・アメリカン諸族が多数住んでいたのである。ヨーロッパ人が慣れない気候風土で病気やけがをしたときに、アメリカン諸族は彼らの聖地である温泉場の所在を教えてあげたことで、ずいぶん助けられた。しかし、植民者に転じたヨーロッパ人は救われたというその事実に自分らが独占する経済的価値を見いだす。

バークレー・スプリングズの旧泉源浴槽「ワシントンバス」

こうして見るもの、手にするものにだれそれの土地、財産だと名札を付けて回った。その見本となる人がいた。アメリカ独立戦争総司令官にして初代大統領ジョージ・ワシントン（一七三二〜九九）である[3]。

首都ワシントンの南西に位置するヴァージニア州の大農園主となるワシントンは若い頃、測量技師として一帯を測量して回っていた。土地の範囲を新たに画定する測量は所有権確定に欠かせない。アメリカン諸族は「一体彼らは何をしているのか」といぶかしく思っていただろう。そしてまだ十六歳のとき、現ウェスト・ヴァージニア州のバークレー・スプリングズで野営していたワシントンは、「一七四八年三月十八日。本日温泉発見！」と日記に書いた。彼には初めてでも、この温泉地はすでに周囲数百キロ圏内に居住するアメリカン諸族が健康を取り戻す神聖な地とみなし、共同で大切に利用していたものであった。

測量にも先客はいた。この一帯、ヴァージニア植民地の大植民者となる、アメリカ独立宣言起草者で第三代大統領トーマス・ジェファソンの父親が前年にこの薬湯の所在を地図に記していた。聖なる温泉地危うし、である。こうしてバークレー・スプリングズ一帯も「売り」に出されてしまう。

ワシントンは「発見」後も温泉場を定期的に訪れ、健康にいい温泉であることを宣伝していた。

そこでワシントンは独立宣言起草者三名、憲法署名者四名、大陸議会議員七名と共に一帯を購入する[4]。この買い占めは仲間と連携しており、ある意味では個々の植民者の好き勝手にさせないために貴重な温泉場を守った行為ともみなし得る。事実、このことが植民者の間に温泉地の評判を広め、後に州立温泉公園に指定される礎となった。

いまバークレー・スプリングズでは、「ジョージ・ワシントン・バス」と名づけられた古い泉源浴槽跡が保存され、温泉入浴施設には約二十四度と微温湯ながら澄明で炭酸ガスや硫酸塩、炭酸水素塩類を多く含む源泉を加温した個室バス(ローマン・バス)が並んでいる。

ワシントンの名湯への強い関心、温泉地購入意欲は、アメリカの「温泉の女王」と称えられるニューヨーク州北部のサラトガ・スプリングズでも発揮された[5]。

サラトガ一帯はモホーク族などイロクォイ諸族の生活圏で、多種多様な泉質、泉温の泉源が多く、健康に寄与する恵みの聖地とみなされていた。しかし十七世紀に入って植民者が周辺の土地を《購入》して定住を試み始めると、先住者とあつれきが生じていく。

たしかに「正直かつ適正に」対価が支払われて土地購入が円滑になされ、先住者が土地を譲り渡した証文を与えた例もあった。この場合は植民地政府も土地購入を保証している。しかし先住者が自分たちの大地を詐欺まがいに横取りされたと感じたとき、彼らの抵抗はしばし流血の惨事を引き起こした。

しかしフランスとイギリスの大規模な植民地戦争にまきこまれ、イロクォイ諸族も抵抗する力を失ってしまった後には、サラトガ一帯を含めて定住と土地私有化が着々と進んだ。アメリカ独立戦争に勝利した将軍ワシントンは一七八三年に初めてサラトガに滞在し、温泉の魅力にとりつかれた。そしてサラトガの泉源地の一つ（ハイロック・スプリング）を購入しようと試みる。結局はほかの人に先を越されてうまくいかなかったことが、一七八八年十一月二十八日付書簡から裏付けられる。

書簡の中でワシントンは、「じつに安く手に入れられたのはよかった」[6]と残念な気持を隠さず相手に吐露している。これに対して、温泉資源や温泉地は金銭的に安い、高いといった次元の売買対象ではないのではと問うても、アメリカ建国の父にはむなしく響くだけだろう。

日本の場合、似た構図は、「蝦夷地《えぞ》」と呼ばれた北海道の地に見ることができる。ただし、アメリカほどの尖鋭な対立関係は、先住者側の弱い立場やあきらめゆえに生じなかったが。

先住者アイヌの人々は温泉が湧く場を同じく聖なる場と崇め、大切に利用してきた。第二章で紹介した菅江真澄は一七八八（天明八）年に蝦夷地に渡り、温泉場も訪ねている。深い谷底を流れる渓流にたぎりまじって湧くウシジリ（臼別）という温泉場（現・平田内温泉「熊の湯」）では、岩岸や岩間に「イナヲ」（木を削って神に捧げる幣）が立てられており、「アヰノ」が湯浴みをして湯の神を奉っていたと記す。[7]アイヌ研究者だったイギリス人宣教師ジョン・バチェラーは、「イナヲは泉水、水汲場……又は火の傍に置かる故に此イナヲは其場所又は其人の守護の神に捧ぐるものと見ゆるなり」[8]と指摘している。

しかしアイヌの人々が長く集落（コタン）で利用してきた古い温泉場も、明治維新後「和人」の本格的な北海道進出とともに導入される近代的、資本主義的な土地所有制度に組み込まれていく。こうして北海道の温泉地の今があるわけだが、それは新大陸同様にコモンズ的な温泉資源と温泉場の共同体管理が解体されていく過程であった。

大戦中に大本営や政府が置かれた温泉地

前章では温泉地が戦時の人々を受け容れたことを述べたが、本節ではさらに大戦中に大本営や政府までを温泉地に持って行った事例を取り上げる。

まず、大戦中に大本営(Groß' Hauptquartier)を温泉地に置いたのは、第一次世界大戦(一九一四〜一八)をオーストリア＝ハンガリー(二重)帝国(君主国)とともに引き起こしたドイツ帝国である。置かれたのは、侵攻されたベルギーの高級温泉保養地スパであった。

スパはヨーロッパ有数の炭酸泉の名湯として知られ、街中には飲泉場が多い。この温泉地名が英語圏で温泉地や温浴施設を表す「スパ(Spa)」の語源とよく言われるが、正確ではない。ベルギーのこの温泉地名自体が「湧き出る・まき散らす」という意味のラテン語「spargere」に由来し[9]、多量に含まれた炭酸ガスの圧力で源泉がほとばしっていたので古代ローマ時代からその名が付いた。とにかく名湯でドイツ国境に近く、高級ホテルや城館など施設の充実ぶりも認められていたことが《招かざる客》まで引き寄せてしまった。

ドイツ帝国軍は一九一四年八月、ロシアに宣戦布告する一方、西ではフランスに宣戦布告し、間

スパ（ベルギー）で19世紀にできたテルム・ド・スパ

にはさまれたルクセンブルクならびに部隊通過を拒否したベルギーの中立を侵犯してたちまち全土を征圧した。その後は西部戦線で知られるとおり、ベルギー南部からフランス北東部にかけて連合国軍との熾烈な塹壕《ざんごう》戦による戦闘は膠着状態に入った。

大戦は、同盟国の離反、降伏とドイツ革命の動きを背景に一九一八年十一月十一日に連合国とドイツが休戦協定を締結して終わる。それまでの四年間、西部戦線が膠着状態にあったため、ベルギーはずっとドイツ占領下にあり、スパにもドイツ軍が数万人単位で駐屯し、傷病兵のための野戦病院も置かれていた。

ドイツ皇帝ヴィルヘルム二世の四男アウグスト・ヴィルヘルム皇子がスパを訪れたとき、ドイツ軍は安全担保のため市民から人質を取ったことを市長名で告示（一九一四年八月十六日付）している。さらに最高司令官ヴィルヘルム二世、陸軍参謀総長ヒンデンブルクと兵站部総長兼参謀次長ルーデンドルフの三名で構成される大本営が、一九一八年からスパに置かれることになった[10]。

一九世紀にはベルギー国王妃マリー・アンリエットの隠棲先で、現スパ市立「泉の町博物館・馬の博物館（Musee de la Ville d'Eaux et du cheval）」になっている館にヒンデンブルクらは大本営を構え、専用の防空壕も設けていた。大戦末期の一九一八年十月には皇帝ヴィルヘルム二世も、退位を求める声が高まるベルリンを離れて、大本営のあるスパに移り住む。執務室は最高級ホテル「オテル・ブリタニーク」内に置き、城館「ヴィラ・ヌーボワ」を住まいにして同じく専用の防空壕を備えていた。

こうして第一次世界大戦末期、ドイツ帝国軍の最高指揮は温泉保養地スパから発せられていた。しかし敗戦色濃い中、あくまで退位を拒む皇帝は休戦協定締結を待たずして十一月十日早朝に大本営のあるスパを離れ、中立国オランダに逃亡した。中立を皇帝自ら侵犯させたベルギーの温泉地スパの庇護(アジール)性もあってか、戦乱や首都の革命の動きにもまきこまれず、破局間近になって自分だけ安全に財産を携えて別の中立国へ逃れたのである。オランダはイギリスの身柄引き渡し要求を拒否し、亡命を認めた。ヴィルヘルム二世はドイツが共和国に移行した後に、オランダで退位を宣言している。

今日、スパの観光案内はこうした歴史には軽くふれるにとどまる。代わりに、「ドイツ兵の駐屯地となった際に、スパにやって来たドイツの学者たちはスパ鉱泉の効用をうたう論文を多数発表するなどしてスパのミネラルウォーターの名声獲得に大いに益した」と経済効果を前面に押し出しているのは、温泉地の商魂たくましさか包容力か。

大戦のさなか、温泉保養地に大本営のようにヘッドクォーター(本部・司令部)を置く事例は次の大戦（第二次世界大戦：一九三九〜四五）でも繰り返された。今度はフランスの番である。一九四〇年五月ナチスドイツに侵攻されて六週間ももたず、六月にはパリが陥落すると、休戦協定に調印。非占領地域となった中南東部の温泉保養地ヴィシーに対独協力政権のヴィシー政府を樹立したのだ。

以下、ヴィシー政府の変遷や内容については、アメリカ人学者ロバート・O・パクストンによる詳細な研究書『ヴィシー時代のフランス　対独協力と国民革命　1940〜1944』二〇〇一年版（日本語版、二〇〇四年）に多く依拠している。当のフランス人にとってヴィシー政権はレジスタンス運動の裏面に存在した生々しい過去、悔恨の対象で、どこの国にも見られることだがなかなか客観的に向き合えないものがあるようだ。

ヴィシー政府の誕生は一九四〇年七月十日。政府首班（国家首席）となるペタン元帥は八十歳を越えており、第一次世界大戦ではフランス陸軍最高指揮官として西部戦線での防衛戦を指揮し、国民の信望が厚かった。このときペタン元帥が国民議会から新政府組閣責任者を受任した場は、フランスの温泉保養地であれば必ずつくられる豪華な娯楽社交施設カジノだったのは、ヴィシー政府のありようを象徴していよう。

大戦の緒戦でナチスドイツは、パリを含むフランス国土の三分の二、つまりドイツや占領地ベルギー等に接し、連合国側のイギリスと対峙できる北東部から大西洋側の部分を占領支配する。ヴィシー政府は残る三分の一、中南東部を受け持つに過ぎなかった。この中南部にある火山地帯オーヴェルニュ地方がフランス有数の温泉地帯で、ヴィシーやシャテル・ギュヨンなどの温泉町が点在している。

なぜ温泉町ヴィシーが政府の《首都》に選ばれたか。先のパクストンは本の中で当時の戦況や国際情勢、国内政治状況をふまえてヴィシー政府に参加した政治家の心情を慮り、皮肉をこめて「消去法で選ばれた」として以下の要件を挙げている(11)。

一、マルセイユをはじめ南部、地中海沿岸都市だとフランス植民地のある北アフリカに近く、亡命したい誘惑に逆らえない。

二、南東部のほかの主要都市、リヨン、トゥールーズはヴィシー政府とは政治的立場が異なった旧第三共和政有力政治家の地盤である。

三、ヴィシー政府首脳陣の一人で後に首相となるラヴァルがオーヴェルニュ地方の中心都市クレルモン・フェランに新聞社、ラジオ局を持っていた。

四、ヴィシーはフランスの中心に位置して、ホテルが多く、滞在機能や設備が整っていて、しかもどの有力政治家の地盤でもなかった。

一九四〇年六月二十五日にドイツとの休戦協定が発効する。ドイツとの戦争はソ連のスターリンに役立つだけという反共意識も保守派には根強かった。何よりドイツ軍の強さへのあきらめ、亡命政権を外につくるよりフランスにとどまることで親独でもフランス復活を期待したい、本土の権力空位を避けたい、国家の行政の持続性を保ちたい等々の理由、心情から、国民議会上下両院議員や旧共和政府大臣らが非占領地の「肝臓病みのブルジョアのためにつくられたロココ様式の湯治場」[12]ヴィシーに参集した。まさに電撃戦の猛威にふらふらになった《病み上がりの選良》たちを避難させ、癒やす場がヴィシーだったのである。

ヴィシー政府を組閣したペタン元帥は「新政府は休戦を求めている」と国民に告げた。ナチスドイツとの戦いの継続を望んだ人々のほうこそ、「生き延びることができるという突然芽生えた希望を脅かす連中」とみなされた。多くの都市が無防備都市を宣言する。ロンドンから徹底抗戦を呼びかけたシャルル・ドゴールは回想録で、「ただの一人の公人も休戦に反対の声を挙げなかった」と辛辣に記している。休戦協定そのものに「対独協力（コラボラシオン）」という言葉、内容が入っていた。それは反ユダヤ主義政策のお先棒担ぎを含んでいる。そこに戦後フランスが直視せざるを得なかった歴史事実への煩悶、反省があった。

一方、ナチスドイツはなぜフランス全土を占領、統治しなかったのか。それはヒトラーが「フランス政府がドイツ案（寛大な休戦提案）を拒否し、戦争を継続するためにロンドンへ脱出することで、占領軍がとくに行政面で負わねばならないような骨の折れる責任を、フランス政府が完全に免れるかもしれないという状況」に機先を制すべく提案を行った、と述べている[13]ことからわかる。東にソ連、西にイギリス相手の戦争遂行上、フランス全土占領による軍事的人的負担を避け、直接戦場にならない地域は対独協力を誓う地元政府に担わせたほうが都合よかったのだ。

フランスの温泉地の中で、ヴィシーは大西洋岸の温泉町ダックスに次ぐホテル客室数を誇っていた。政府機能を稼働させるには都合よく、政府は多くのホテルを借り切っている。先のパクストンによると、ヴィシーで政府要人は快適に暮らしていたが、首班のペタン元帥は個人的には「オテル・デュ・パルク」(現在はホテルではなくレジデンス)三階で質素に暮らしていたという。

ヴィシー(フランス)の温泉施設内

ヴィシーはフランスでも四十二度以上の高温泉にも恵まれ、泉源数も多い。フランスの温泉地とその源泉状況をまとめて一九〇〇年に刊行された本[14]には、ヴィシーの主泉質は重曹泉(ナトリウム―炭酸水素塩泉)とある。美肌湯の評判だけでなく、ヨーロッパで「肝臓の湯」と称された重曹泉の飲泉効果も高かったことがうかがえる。ドイツとの板挟みの立場にストレスをつのらせたヴィシー政府要人らがワインを飲み過ぎても、療養泉がケアしてくれるありがたい温泉首都であった。

大戦の戦局はしかし、短期決戦を夢見ていたナチスドイツやヴィシー政府の思惑を超えて、破滅と崩壊へと向かう。太平洋の彼方で一九四一(昭和十六)年十二月、日本帝国軍による宣戦布告なき無謀な真珠湾奇襲攻撃を受けて、アメリカが対日宣戦布告と同時に三国軍事同盟のナチスドイツ、ムッソリーニのイタリアにも宣戦布告したのだ。これに対抗して、一九四二年十一月にドイツ軍がフランス全土を占領、ヴィシー政府は有名無実化した。一九四三年九月にはドゴール率いるフランス国民解放委員会がヴィシー閣僚を裁く政令（デクレ）を発し、ヴィシー政府の官僚や将校の一部も連合国側に転じる。形式的には、一九四四年八月にパリが解放され、フランス国民解放委員会がヴィシー政府の法律はすべて無効と宣言するまで、ヴィシー政府は存続した。

「第二次世界大戦は大規模な来訪者数の減少の開始を告げる弔鐘のように思われた。最も著しい例は、ヴィシーとプロンビエールであった。ヴィシーは自分の運命を選べなかったとはいえ、凌辱されたフランスの首都となり、ナチスドイツに服従し、潰走の象徴となったこの町のイメージは…地元自治体の努力にもかかわらず、ヴィシーは再び二十世紀初頭の晴れやかな繁栄の日々を迎えることはなかった(15)」

引用したのは、フランスの温泉リゾートの変遷についてまとめた本からである。

すべてを受け容れるままに戦時に政府まで受け容れたのは、温泉地の欠陥ではなく特性、むしろ美徳である。押しかけた政府の負のイメージを抱え込む必要はない。歴史は歴史のままに、その特性と温泉の良さ、そしてフランスの温泉保養地が最も輝かしかったベル・エポック時代の建造物をとどめる街の魅力をアピールしてほしいと願うばかりだ。

冷戦時代アメリカ議会の温泉地避難計画

二つの大戦時の事例を見てきた。二度の大戦を経て、人間の判断ミスなどによって偶発的にいつ起こるかわからない核戦争の時代に入った。こんな時代に平和でかつ安全な避難場を想像することは難しい。したがって三つめの事例はもうあり得ない、と普通なら考える。

ところが、核戦争も辞さず、そうなっても政府要人らを避難させようと考える人々にとっては違う。三つめの事例があったのだ。冷戦期、アメリカの温泉地が標的となった。(16)

それはコードネーム「プロジェクト・グリーク・アイランド(ギリシャの島)」と名付けた、核戦争(の危機)時にアメリカ連邦上下両院議会まるごと移すリロケーション＝再配置と銘打つ計画であった。三十年以上トップシークレットだったが、冷戦終結後の一九九二年三月に『ワシントン・ポスト』が全容を暴露し、明らかになった。したがってもはや重大国家機密でも何でもない。ウェスト・ヴァージニア州の美しい丘陵地帯にある当の温泉地ホワイトサルファー・スプリングズの一軒宿、五つ星高級温泉ホテル「ザ・グリーンブライヤー」では地下施設の全容を紹介する観光案内パンフをつくり、見学を認めている。

同プロジェクトは米ソ冷戦まっただ中のアイゼンハワー大統領の時代(任期一九五三〜六一)に立案、上下両院指導部には伝えて了解をとりつけ、施設は一九五八年から六一年にかけて同ホテル地下に建設された。地下工事がわからないように、地上のホテルでも政府が金を出して新館増築工事を並行させたという。完成後は常時少数の政府職員が民間社員を装って施設維持に携わった。施設の性格上、いつ何時でもすべての通信機能や設備が正常に稼働できるようふだんから点検更新が欠かせなかったわけである。

施設は丘陵斜面を利用しつつ、六〜十八メートルの厚い土塁でカバーした上に、地下に厚さ一・五メートルのコンクリートで壁や天井を覆った。四カ所の出入口には二十〜四十キロ近くで核弾頭が落とされても放射線を防ぐように設計された鋼鉄とコンクリートのとびらを設けた。地下施設の総面積は約一万五百平方メートル。化学兵器や細菌兵器にも対処できるようにし、動力プラント施設を核に、上下両院議会が開けるホール、展示ホール、一千人が寝泊まりできる共同寝室、カフェテリアに食堂、ラウンジ、コミュニケーション・エリア、病院、歯科医院を用意していた。

ここが核戦争時にアメリカ上下両院議会を移す、事実上の避難場に選ばれた理由を考えてみよう。まずホワイトサルファー・スプリングズは、古い山脈で岩盤も強固なアパラチア山脈の懐深い丘陵地帯に立地し、深い森に囲まれて周囲から隔絶した一軒宿である。温泉地としては一八世紀後半にはとくにリウマチに良く効く薬湯の硫黄泉として植民者にも知られていた。アメリカ東部には希少な硫化水素香漂う硫黄泉であり、首都のセレブにも温泉保養地として知名度があり、受け皿となる自家源泉を持つ高級温泉ホテルを構えている。おそらく敵の探査衛星からも何ら重要施設に見えず、湯治・保養客が出入りする閑静な森の中の温泉保養地にしか見えなかったはずである。それがポイントだった。

すなわち一般的にも、温泉地は山間地にありながらも人や車の行き来が見られる場所であり、宿泊滞在施設を用意しているため、ふだん増改築工事も当然であり、疑われる要素は乏しい。ここは山間部でありながら首都ワシントンからそう遠くない。さらに政府要人とのパイプもあった一軒宿の高級ホテルで、秘密保持には最適であった。

周囲には水源にも恵まれる。ワイナリーも多いヴァージニア州との州境で、食料を補充できる田園・牧畜地帯が近い。アメリカ連邦議員らにも知られ、満足させる滞在設備とサービスのノウハウ、何といっても癒やされる温泉で迎え入れてくれる避難場である。非常時に避難（移動）をいやがる議員などあり得なかっただろう。

ホワイトサルファー・スプリングズ（アメリカ）の核戦争時アメリカ議会避難施設入口（ザ・グリーンブライヤーの案内パンフレットより）

この地下施設の存在がメディアによって明らかにされると、国民は核被害にさらされたまま政治家だけが避難できるのかと世論の非難が高まり、一九九五年八月に政府はホテルとの契約を打ち切った。その後は維持費の負担がホテル側に重くのしかかってきたため、有料見学ツアーも行ってきたが、二〇〇一年のアメリカ同時多発テロ以降は要人ではなく重要データ・資料の保管場所としての需要が高まったという[17]。皮肉なことである。

本章のタイトルの意味は、多面的に受けとめていただきたい。だれしも受け容れ、長期に滞在でき、癒やす包容力と同時に収容能力（キャパシティー）を兼ね備えた温泉地は、このようにときには相手（国家、政府、軍隊）の都合、勝手により、戦争遂行体制に制度的に組み入れられたり、利用されやすい。こうした側面が歴史的に認められても、それは温泉地の存在意義や特性そのものを否定するものではない。むしろ〈温泉の平和〉の懐深さを示していると言えるのではないだろうか。

注および参考文献

（1）高橋義人・柴田翔「対談・世紀末の現代にゲーテを読む」『思想』一九九九年十二月号（岩波書店）による。
（2）前出の第三章注（14）、ウラディミール・クリチェク著『世界温泉文化史』による。
（3）ジョージ・ワシントンと温泉の出会いについての筆者の初出は、『温泉で、なぜ人は気持ちよくなるのか』（講談社プラスα新書、二〇〇一年）所収「アメリカ建国の父の温泉漁り」においてである。
（4）West Virginia Division of Tourism & Parks,"Berkeley Springs State Park".
（5）前出の第三章注（6）、Grace Maguire Swanner,"Saratoga—Queen of Spas",pp102-106. による。
（6）前出（5）、p106.
（7）前出の第二章注（15）、『菅江真澄全集』、『菅江真澄遊覧記』による。
（8）ジョン・バチェラー『アイヌ人及其説話』上編（教文館、一九〇〇年）より。また近年では札幌大学の本田優子が「アイヌ民族と温泉」（『温泉科学』第62巻、二〇一二年）でアイヌの温泉の神の存在についてふれている。
（9）当地スパの公式観光案内もそのように記す。
（10）第一次世界大戦中にベルギーのスパにドイツ帝国軍大本営が置かれた歴史経過を考察するドイツ語の研究書（Irene Strenge,"Spa im Ersten Wertkrieg〔1914-1918〕"）について、東京女子大学の芝健介教授（ドイツ近現代史）から教示いただいた。
（11）ロバート・O・パクストン『ヴィシー時代のフランス　対独協力と国民革命　１９４０〜１９４４』二〇〇一年版（日本語訳：柏書房、二〇〇四年）による。

（12）前出（11）より。
（13）前出（11）より。
（14）"Stations Hydro-Minérales Climatériques et Maritimes de la France", 1900. より。
（15）前出の第三章注（18）、フィリップ・ランジュニュー＝ヴィヤール『フランスの温泉リゾート』による。
（16）これについても前出（3）が筆者の初出となる。
（17）二〇〇五年一月六日付『朝日新聞』が「シェルター注目再び　米でテロ対策需要」と題して、二〇〇一年アメリカ同時多発テロ以降の状況を伝える中で、この温泉ホテル地下施設の現状を報告している。

あとがき

温泉が多くの喜びや安らぎ、癒しを私たちに与えてくれることは、世界中で認められてきた。だから温泉そのもののありがたみ、価値については今さら論じなくていいかもしれないが、温泉が湧く土地の人々が長い時間をかけて温泉資源を大切に守り育てる中で形成された「温泉地」という特別な場については、あまり意識されなかったように思える。

ここでは温泉そのものと、場としての温泉地を合わせて「温泉(地)」と表現するが、トータルに温泉(地)とはいったいどんな特性、存在意義・価値を有しているものなのだろうか。私にとって、これは大きな課題であり続けている。

温泉(地)の価値といえば、観光の面がすぐ浮かぶ。インバウンドの時代なので、国内外を問わず人々を温かく迎え容れる滞在先としての温泉(地)はますます注目される。まるで日本の代名詞のようになった感の「おもてなし」という言葉、温泉(地)では接客・人のおもてなしに加えて、湯のおもてなし、温泉地という場全体によるおもてなしの三つが用意されている。温泉地の街並みや建物をはじめ景観は独特で、情緒も漂う。「ニッポンのオンセン」、温泉地は国際的にアピールするブランド価値が大いにあると言える。

また、温泉（地）は私たちの健康維持の面からも大切である。地域住民の身近な健康資源・資産として活用できるから、超高齢社会ではなおのこと温泉の価値を再評価したほうがいいだろう。そのうえでというか、温泉（地）の存在意義、価値にはそれ以外にも普遍的な何かがあると私は考えている。違った角度から温泉（地）の歴史とその役割、特性を照らしなおしたときに見えてくるもの。それが本書のテーマであり、そのことをタイトルに込めた。

本書の第一章から第五章のいくつかの項目内容については、二〇〇九（平成二一）年九月から二〇一〇（平成二二）年十一月まで月刊誌『表現者』（第26号〜33号）において「〈温泉の平和〉と戦争」のタイトルで、七回にわたり連載したものがベースになっている。本来、この執筆企画は本書の第六章と終章にあたる構成内容を含めたものであったため、それを実現する機会を模索していた。そのとき声をかけてくれたのが彩流社の河野和憲氏で、私が資料と向き合い直し、こうして一冊の本に仕上げるまで数年間根気よく待ってくださった。ここにあらためて氏に感謝申し上げる。

本書では、ベースになった連載部分についても大幅に加筆修正し、新しい項目内容を加えて、本来の企画構成どおりに章立てを行った。第六章と終章については新規に執筆した。なお、本書では注・参考資料にも目を通していただければ幸いである。

平和と戦争の問題は、過去のものでは決してないことを今日痛感させられる。平和な癒しの避難所（アジール）としての役割を担ってきた温泉（地）の、〈温泉の平和〉に思いをはせていただければと願う。

【著者】
石川理夫
…いしかわ・みちお…

温泉評論家。日本温泉地域学会会長。1947 年生まれ。東京大学法学部卒業。温泉評論・執筆の傍ら、共同湯、温泉文化史等の研究に携わる。著書は『温泉法則』(集英社新書)、『温泉巡礼』(PHP 研究所)、『温泉で、なぜ人は気持ちよくなるのか』(講談社プラスα新書)、『温泉とっておきの話』(海鳴社、共著) ほか多数。

Sairyusha

温泉《おんせん》の平和《へいわ》と戦争《せんそう》

二〇一五年十一月十日　初版第一刷

著者——石川理夫
発行者——竹内淳夫
発行所——株式会社 彩流社
〒102-0071
東京都千代田区富士見2-2-2
電話：03-3234-5931
ファックス：03-3234-5932
E-mail：sairyusha@sairyusha.co.jp
印刷——モリモト印刷(株)
製本——(株)難波製本
装丁——中山銀士+金子暁仁

ISBN978-4-7791-2179-1 C0039

http://www.sairyusha.co.jp